Daniel Smith
Denken wie Einstein

Daniel Smith

Denken wie Einstein

Aus dem Englischen von
Matthias Schulz

Anaconda

Titel der englischen Originalausgabe: *How to Think Like Einstein*
(London: Michael O'Mara Books 2014)
Lizenzausgabe mit freundlicher Genehmigung
Copyright © Michael O'Mara Books Limited 2014

Die Deutsche Nationalbibliothek verzeichnet diese Publikation in der
Deutschen Nationalbibliografie; detaillierte bibliografische Daten sind
im Internet unter http://dnb.d-nb.de abrufbar.

© dieser Ausgabe 2015 Anaconda Verlag GmbH, Köln
Alle Rechte vorbehalten.
Umschlagmotiv: »Einstein writing an equation/1931«,
© akg-images, Berlin
Umschlaggestaltung: Harald Braun, Berlin
Satz und Layout: Roland Poferl Print-Design, Köln
Printed in Czech Republic 2015
ISBN 978-3-7306-0269-0
www.anacondaverlag.de
info@anacondaverlag.de

Inhalt

Inhalt

Einführung

*Gewiss war er ein hervorragender Gelehrter,
doch darüber hinaus war er auch eine Stütze des
menschlichen Gewissens in einer Zeit, da so viele
Kulturwerte zu wanken schienen.*

PABLO CASALS

Der Begriff »Genie« ist stark überstrapaziert, aber wenn er auf jemanden zutrifft, dann auf Albert Einstein. Sein Name ist zum Synonym für Genialität geworden. Wohl kein anderer Wissenschaftler hatte so viel Bedeutung und Einfluss wie Einstein.

Dennoch werkelte er mehrere Jahre bloß nebenbei als theoretischer Physiker in seiner Freizeit allein vor sich hin, während er tagsüber seinem Broterwerb beim Schweizer Patentamt nachging. Erst mit Mitte 20 gelang ihm sein großer Durchbruch als Wissenschaftler. In einer Phase unglaublicher Schaffenskraft hob er in den ersten beiden Jahrzehnten des 20. Jahrhunderts das menschliche Verständnis vom Universum auf eine ganz neue Ebene. Er revolutionierte sowohl unseren Blick auf die subatomare Welt als auch unseren Blick auf den Kosmos als Ganzes. Einstein ebnete den Weg für die moderne Quantenmechanik – auch wenn er dieses Konzept sein Leben lang hinterfragen sollte –, legte erst seine spezielle Relativitätstheorie vor und anschließend die allgemeine Relativitätstheorie. Mit diesen Werken definierte er das Wesen von Raum und Zeit ganz neu und läutete das Zeitalter der neuzeitlichen Physik ein.

Reichte ihm das? Legte er nun eine Pause ein? Keineswegs. 1930 sagte er seinem Sohn: »Das Leben ist wie ein Fahrrad.

Man muss sich vorwärts bewegen, um das Gleichgewicht nicht zu verlieren.« Also konzentrierte er sich in den folgenden Jahren auf die Suche nach der Einheitlichen Feldtheorie. Höchstens über Newton lässt sich sagen, dass er mit seinen Arbeiten auf so große Bereiche der Forschung derart starke Auswirkungen hatte. Einsteins Ideen leben fort und die Beweise dafür sehen wir tagtäglich um uns herum – ob in Fernsehgeräten, Kameras und im GPS-System, bei Glasfaserkabeln oder, etwas größer gedacht, bei unserem Verständnis von Wesen und Funktionsweise der Schwarzen Löcher.

Einstein war mehr ein Theoretiker als an Experimenten interessiert und hinter seinem Intellektualismus stand der unerschütterliche Glaube an das Recht des Einzelnen auf Gedankenfreiheit und geistige Freiheit. Als echter Revolutionär hatte Einstein keine Probleme damit, seit Jahrhunderten bestehende »Tatsachen«, Ideen und Ansätze zu hinterfragen und zu widerlegen. Alles konnte auf den Prüfstand gestellt werden und seine Errungenschaften zeigen, dass niemals etwas für selbstverständlich gehalten werden sollte. Doch Einstein war nicht nur im wissenschaftlichen Bereich ein außerordentlicher Denker, er war auch ein Humanist, der den Krieg verabscheute und sich gegen die Ausbreitung von Waffen sperrte, die eine bis dahin unvorstellbare Vernichtungskraft an den Tag legen konnten – und zu deren Erschaffung seine Arbeit beigetragen hatte. Die Existenz der Atombombe und der Umstand, dass er unbeabsichtigt daran mitgewirkt hatte, setzten Einstein sehr zu. »Auf alles Positive kommt etwas Negatives … Die Genialität Einsteins führt nach Hiroshima«, schrieb Pablo Picasso 1964. Es war ein dunkler Fleck auf einem Leben, das dem Kampf gegen Autoritarismus gewidmet war und dem Eintreten für persönliche Freiheit. Selbstlos stellte er sich allen entgegen, die diese Ideale gefährdeten.

Einstein war ein waschechter Superstar, und das in einer Zeit, als weltweite Berühmtheit nur einem sehr kleinen Kreis von Personen vorbehalten war. Er war kein Sänger und kein Leinwandidol, aber dennoch wurde der Wissenschaftler auf der Straße von Menschen erkannt, die nicht die geringste Ahnung hatten, woran genau er eigentlich forschte. Bis heute ist das Bild vom »verrückten Professor« mit dem zerzausten Haar und der herausgestreckten Zunge auf der ganzen Welt bekannt. Einstein verfügte über beißenden Witz und ein unglaubliches Talent für Bonmots. Gleichzeitig hatte er eine enorm komplexe Persönlichkeitsstruktur: Während er der Menschheit als Großes und Ganzes ein gewaltiges Maß an Empathie entgegenbrachte, konnte er sein Umfeld mit einer Verachtung behandeln, die ans Grausame grenzte. Einstein war ein großer Mann, aber wie so oft ging diese Größe mit beträchtlichen menschlichen Makeln einher.

Dieses Buch dient nicht als schneller Überblick über Einsteins Forschung. Wie auch? Einstein selbst wurde einmal gebeten, die Relativität in einem Satz zusammenzufassen, woraufhin er erklärte, allein für die »kurze Antwort« würde er drei Tage benötigen. Wer die Feinheiten der Relativität oder Photonen oder der unzähligen anderen Themen begreifen möchte, zu denen Einstein Thesen aufstellte, sollte Einsteins Originalunterlagen lesen. Einiges ist natürlich so komplex, dass einem rasch der Kopf brummt, aber weite Teile sind dennoch ausgesprochen verständlich geschrieben. Einstein selbst war stolz darauf, seine Theorien so gut ausformuliert zu haben, dass die zugrunde liegenden Konzepte auch jedermann einleuchten können.

Denken wie Einstein geht vielmehr der Frage nach, wie Einstein arbeitete, welch unterschiedliche Facetten seine Persönlichkeit hatte und welche Einflüsse seine Weltanschauung prägten. Zweifellos war Einstein ein globales Idol, dessen Talente und Fähigkeiten ihn aus der Masse heraushoben. Gleichzeitig war er aber auch ein ganz normaler Mensch mit Fehlern und Schwächen, wie wir alle sie nur zu gut kennen. Ich habe dieses Buch geschrieben, weil ich zeigen möchte, was Albert Einstein zu einem so großen Denker gemacht hat und warum er trotz alledem ein ganz gewöhnlicher Mensch geblieben ist.

Das Leben ist ein Marathon, kein Sprint

Ich denke niemals an die Zukunft.
Sie kommt früh genug.

ALBERT EINSTEIN, 1930

Welche Eltern hätten nicht gerne ein Wunderkind? Aber nicht alle späteren Genies legen bereits in den frühen Kinderjahren einen Schnellstart hin. Albert Einstein ist das Paradebeispiel dafür, dass sich Genialität manchmal nur langsam ihren Weg bahnt. Unvergessen bleibt das Urteil von Dr. Joseph Degenhart über den jungen Albert: »Aus dir wird nie etwas werden.« Zumindest hat sich Lehrer Degenhart mit dieser drastischen Fehleinschätzung seinen Platz in den Geschichtsbüchern gesichert.

Albert Einstein wurde am 14. März 1879 in Ulm als Kind von Hermann und Pauline Einstein geboren. Zwei Jahre später folgte seine Schwester Maria, genannt Maja. Als Kind jüdischer Eltern Ende des 19. Jahrhunderts in Deutschland befand sich Einstein vom Start weg in einer Außenseiterrolle. Das wirkte sich nicht nur auf seine Persönlichkeit aus, sondern beeinflusste auch die Art und Weise, wie andere mit ihm umgingen.

Die Einsteins waren eine typische bürgerliche Familie. Vater Hermann war ein begabter Mathematiker, der in der jungen Elektrizitätsindustrie arbeitete, dabei jedoch wenig unternehmerisches Geschick an den Tag legte. Überhaupt ließ der familiäre Hintergrund nicht erahnen, dass Albert Großes in die Wiege gelegt worden war. Er selbst war ein Spätentwickler und ließ sich mit dem Sprechen lernen so viel Zeit, dass ihn das Dienstmädchen schon als »den Depperten« abgeschrieben hatte. Nicht nur das: Er litt zu alledem auch noch an Echolalie, einer Krankheit, die dazu führte, dass er seine Sätze mehrfach wiederholte. Es spricht wenig dafür (und deutlich mehr dagegen), aber es gibt dahingehende Spekulationen, dass Einstein womöglich an Autismus litt.

Der junge Albert war ein Tagträumer und wirkte deshalb gelegentlich etwas entrückt. Zudem hatte er wenig gleichaltrige Freunde. Mit fünf Jahren veränderte sich sein Leben jedoch schlagartig. Für ihn war es ein Schlüsselmoment, aber auch für die Menschheit sollten die Folgen enorm sein. Albert ging es damals schlecht und er war ans Bett gefesselt. Um ihn abzulenken, schenkte sein Vater ihm einen Kompass. Wieso drehte sich die Nadel von ganz alleine und ohne mechanische Hilfe Richtung Norden? Albert war verblüfft. Später schrieb er, vor lauter Aufregung sei ihm ganz kalt geworden und es habe ihn geschaudert – für ein krankes Kind vielleicht nicht gerade ideal, aber was für ein Gewinn für die Wissenschaft! Dieses Ding, das er da in Händen hielt, zeigte mit absoluter Klarheit die Folgen einer unsichtbaren Kraft. Das war der Schlüsselmoment in Einsteins Leben, von nun an war er geradezu besessen von den unsichtbaren Kräften, die in unserem Universum wirken.

Teil der Legendenbildung um Einstein ist die Behauptung, er sei kein besonders guter Schüler gewesen. Das dürfte zweifelsohne auch mit der unglücklichen Äußerung Dr. Degenharts zu tun haben. Dabei war Albert den meisten Berichten zufolge durchaus ein guter Schüler. Besonders in der Mathematik war er seiner Altersstufe um mehrere Jahre voraus. Als er 12 Jahre alt war, habe ihn die Erkenntnis begeistert, dass man durch reine Logik und ganz ohne die Hilfe äußerer Erfahrungen Wahrheiten herausfinden könne, sagte er später. Doch obwohl er – ganz der Vater – ein Talent für Mathematik hatte, hätte wohl niemand von Albert eine Laufbahn als visionärer Forscher erwartet. Zwei Jahre früher als üblich, bewarb er sich im Alter von 16 Jahren um einen Studienplatz, aber seine Prüfungsergebnisse zeigten Nachholbedarf in Themenbereichen wie Botanik, Literatur und Politik.

Um seine Chancen auf einen Platz am Polytechnikum in Zürich zu verbessern, machte er seinen Schulabschluss im Schweizer Aarau. Er schnitt als Zweitbester seiner Klasse ab und hatte sich erneut als durchaus guter Schüler erwiesen, aber seine Umwelt nicht gerade durch Genialität beeindruckt. (Andererseits: Wer fragt heute noch nach dem damaligen Klassenbesten?) 1900 beendete er sein Studium am Polytechnikum als viertbester – von fünf Studenten. Vergeblich bewarb er sich in Zürich und in anderen Städten um eine akademische Anstellung. Frustriert trat er schließlich 1902 den relativ bescheidenen Posten als technischer Experte dritter Klasse am Schweizer Patentamt in Bern an.

Keine vier Jahre später erschütterte Einstein mit einer Reihe wissenschaftlicher Arbeiten die Welt der Forschung. Umso beeindruckender wird diese Leistung, wenn man bedenkt, dass er ganz allein und nur in seiner Freizeit daran gearbeitet hat. Dass er am Anfang seines Lebens eher langsam gewesen sei, sei ihm möglicherweise später zugutegekommen, sagte Einstein später: »Ich entwickelte mich so langsam, dass ich mir erst, als ich schon erwachsen war, Fragen zu Raum und Zeit stellte.«

Doch auch nachdem er begonnen hatte, intellektuell mit Siebenmeilenstiefeln voranzuschreiten, gingen noch einige

Jahre ins Land, bevor die Welt ihm die verdiente Anerkennung gewährte. Erst 1909 erhielt er eine Juniorprofessur – ganze vier Jahre, nachdem er sein Papier zur speziellen Relativitätstheorie veröffentlichte und die Formel $E = mc^2$ berechnete. Auf einen Nobelpreis musste er noch bis 1922 warten.

Das zeigt: Selbst bei einem geistigen Riesen wie Einstein kann es sein, dass »Immer schön langsam« am schnellsten zum Ziel führt.

Bleiben Sie neugierig

Ich habe keine besondere Begabung, sondern
bin nur leidenschaftlich neugierig.

ALBERT EINSTEIN, 1952

Während der Rest der Welt bewundernd vor den intellektuellen Leistungen steht, die Einstein vollbracht hat, hielt er selbst etwas Anderes für viel wichtiger: Seinen unstillbaren Wunsch, Antworten auf die wirklich großen Fragen zu finden. Als alter Mann schrieb er in einem Brief: »Hinter meiner Forschungsarbeit steckt das unwiderstehliche Verlangen, die Geheimnisse der Natur zu begreifen. Eine andere Motivation gibt es nicht.« Was die Wissenschaft antreibe, sei in allererster Linie der Wunsch, den Durst nach reinem, unverfälschtem Wissen zu stillen, erklärte Einstein seinem Freund Alexander Moszkowski, der 1921 eine Biografie über ihn veröffentlichte.

Er war fest davon überzeugt, dass es die Antworten gibt und man sie bloß finden müsse. 1938 verfasste er gemeinsam mit Leopold Infeld *Die Evolution der Physik.* Darin schrieb er, Wissenschaft könne nicht existieren ohne den Glauben an die innere Harmonie in der Welt. Für die großen Rätsel der Welt und des Kosmos gibt es rationale Lösungen, daran glaubte Einstein schon vergleichsweise früh in seinem Leben. Dass sich die Natur erklären lasse, indem man mathematische Strukturen auf sie anwendet, behauptete er schon mit 12 Jahren. Die meisten dieser Strukturen hielt er für »relativ simpel« – diejenigen von uns, denen das Talent für Mathematik und Physik nicht zugeflogen ist wie ihm, könnten da etwas anderer Meinung sein. Als er 1933 eine Herbert-Spencer-Vorlesung in Oxford hielt, ging er detaillierter auf diesen Punkt ein:

Unsere bisherigen Erfahrungen rechtfertigen unsere Vermutung, dass die Natur die Umsetzung der einfachsten denkbaren mathematischen Ideen ist. Ich bin überzeugt davon, dass wir durch reine mathematische Ableitung die Konzepte und Gesetze entdecken können, die sie miteinander verbinden und uns den Schlüssel liefern zum Verständnis natürlicher Phänomene.

Auf diese Weise konnte sich Einstein sein Staunen über die Welt erhalten und mit dem Glauben verbinden, er werde irgendwann begreifen, was hinter diesen Wundern liegt. Der kränkliche Knabe Albert, der die scheinbar übersinnlichen Fähigkeiten der Kompassnadel verwundert beobachtet hatte, weitete seine Neugier schon bald auf die Mysterien der Hitze und der Elektrizität aus – was bei der familiären »Vorbelastung« nicht sonderlich überrascht. Hinzu kommt, dass Albert in einer Phase aufwuchs, als die Forschung sich gerade erst mit der physikalischen Realität von Atomen und Molekülen vertraut machte, also den unsichtbaren Bausteinen des Universums. Aber auch das junge Feld der kinetischen Theorie, bei der es um die Bewegung von Partikeln innerhalb von Materie geht, interessierte ihn in seiner Jugend sehr.

Einsteins Helden in dieser Zeit waren Galileo und Newton. Moszkowski sagte er, bei den beiden handele es sich um die größten und erfindungsreichsten Genies, die die Forschung je gesehen hatte. Ganz besonders bewunderte er Newton, was nicht einer gewissen Ironie entbehrt, schließlich sollte Einstein mit seinen Arbeiten viele der Newtonschen Thesen, an die die Wissenschaft mehr als 200 Jahre lang festgehalten hatte, über den Haufen werfen. 1931 schrieb Einstein das Vorwort zu einer Neuauflage von Isaac Newtons Werk *Opticks* aus dem Jahr 1704. Im Vorwort heißt es: »Er kombinierte in einer Person den Vordenker, den Theoretiker, den Mechaniker und nicht zuletzt auch den Zurschausteller.« Er könnte genauso gut über sich selbst gesprochen haben, wobei man sagen muss, dass einige meinen, beim Durchführen von Experimenten sei Einstein bei Weitem nicht so gut gewesen wie sein großes Vorbild.

Als Theoretiker allerdings war er hervorragend und das lag auch an seiner Überzeugung, eine Theorie müsse so weit heruntergebrochen werden, bis sie möglichst schlicht ist. Je simpler die Grundannahme einer umfassenden Theorie, desto beeindruckender sei sie, schrieb Einstein in den 1940er-Jahren. Wenn man die komplexe Mathematik ausklammere, die möglicherweise zur Beschreibung erforderlich sei, müsse eine gute Theorie so unkompliziert sein, dass selbst ein Kind sie begreifen könne, so Einsteins Standpunkt. Mit seinem Bestreben, grundlegende Wahrheiten möglichst simpel auf den Punkt zu bringen, fand Einstein im Zeitalter des Modernismus großen Anklang. Wie formulierte es Pablo Picasso, der größte Künstler dieser Zeit? »Ich konnte schon früh zeichnen wie Raffael, aber ich habe ein Leben lang dazu gebraucht, wieder zeichnen zu lernen wie ein Kind.«

Einstein war von Natur aus ein unabhängiger Geist, der keine Probleme damit hatte, auf eigene Faust Neuland zu erkunden – ein Umstand, der ihm natürlich weiterhalf. Als das Elektrogeschäft des Vaters pleiteging und die Einsteins für einen Neuanfang ins norditalienische Pavia zogen, fühlte sich der 15-jährige Albert stark genug, seinen eigenen Weg zu gehen. Später brachte er den Mumm auf, von sich aus die Zelte abzubrechen, sich seiner Familie wieder anzuschließen und Deutschland den Rücken zu kehren – entschlossen, seine deutsche Staatsbürgerschaft aufzugeben und nie wieder in sein Geburtsland zurückzukommen. Er war auch selbstbewusst genug, sich zwei Jahre vor der Zeit für einen Studienplatz am Polytechnikum zu bewerben. Einstein hatte immer etwas von einem Außenseiter an sich und verspürte nie das Bedürfnis, sich anzupassen – eine Eigenschaft, die ihm in seiner Arbeit gut zupasskommen sollte.

Als nützlich erwies sich auch sein familiärer Hintergrund: Er hatte in verschiedenen Funktionen für seinen Vater gearbeitet und so Erfahrungen mit Geräten gesammelt, die ihm die Möglichkeit gaben, seine Faszination mit der Physik in die Praxis umzusetzen. Eine weitere Rolle spielte seine deutlich ausgeprägte Arroganz. Sie brachte ihn auch dazu, bemerkenswerte neue Richtungen einzuschlagen und sich an Dinge zu wagen, vor denen ein Jüngling mit weitaus weniger Selbstsicherheit wohl zurückgeschreckt wäre. Allein seine erste wissenschaftliche Abhandlung, die er 1901 verfasste. Es war ein Frühwerk, dem die Finesse fehlt, aber Einstein hatte keine Probleme, die Arbeit von Ludwig Boltzmann und Paul Drude anzugreifen, immerhin zwei der größten Physiker jener Zeit.

Möglicherweise wertete Einstein das nicht als Arroganz, denn für ihn war es schlichtweg so, dass die Gedanken und die Ideen eines Menschen dessen besondere Identität prägen. »Einen Menschen wie mich macht nicht aus, was er tut oder was er erträgt, sondern *was* er denkt und *wie* er denkt«, schrieb

Einstein 1946. Einstein ging also nicht die vermeintlich über ihm stehenden Forschungsgrößen an, weil er rebellisch war oder Streit suchte, sondern weil er das Gefühl hatte, keine andere Wahl zu haben: Er musste einfach auf Fehler hinweisen, die seiner Meinung nach den Fortschritt der Forschung behinderten.

Manchmal ist das Reisen eben besser als das Ankommen. Vielleicht war es bei Einstein ähnlich, vielleicht fand er mehr Vergnügen daran, seiner Neugier nachzugehen, als Antworten zu finden. Wie schrieb er 1918 an seinen Freund Heinrich Zangger: »Die Triebfeder wissenschaftlichen Denkens ist nicht ein äußeres Ziel, das man erstrebt, sondern die Freude am Denken.«

Folgen Sie Ihrer Intuition

Im Übrigen liegen, wie ich schon öfter betonte,
sämtliche große Wissenschaftstaten in der intuitiven
Erkenntnis, nämlich der Axiome, aus denen alsdann
deduktiv geschlossen wird … Allgemein genommen
bildet also die Intuition die Voraussetzung für
das Auffinden solcher Axiome.

ALBERT EINSTEIN
in *Einstein – Einblicke in seine Gedankenwelt*, von
Alexander Moszkowski, 1921

Albert Einstein verfügte über grenzenlose Neugier gepaart mit einem festen Glauben an die eigene Intuition. Sämtliche großen Entdeckungen Einsteins waren zunächst reine Geistesleistungen, für die er dann Beweise suchte. Das heißt allerdings nicht, dass man seinen Verstand einzig auf diese Weise trainieren sollte. In der Forschung wie auch in allen anderen akademischen Bereichen finden sich jede Menge große Namen, die zunächst Beweise sammelten und dann anhand dieser Beweise zu neuen Schlussfolgerungen gelangten. Ganz anders Einstein: Er stellte sich in einer abstrakten Art und Weise bestimmte Szenarien vor und machte sich dann daran, diese Hypothese auf die Probe zu stellen, um sie zu belegen oder eben zu verwerfen. Auf diese Weise trieb seine Intuition seine großen Erkenntnisgewinne an. 1929 sagte er George Sylvester Viereck – einem deutsch-amerikanischen Autor, Poet und Journalist (und späteren Nazi-Sympathisanten) – in einem Interview: »Ich glaube an Intuition und Inspiration. Manchmal *fühle* ich, dass ich richtig liege. Ich *weiß* es nur noch nicht.«

Zehn Jahre zuvor hatte er sich für das *Berliner Tageblatt* in dem Beitrag *Induktion und Deduktion in der Physik* ausführlicher mit dem Thema befasst. Damals schrieb er:

Die wahrhaft großen Fortschritte der Naturerkenntnis sind auf einem der Induktion fast diametral entgegengesetzten Wege entstanden. Intuitive Erfassung des Wesentlichen eines großen Tatsachenkomplexes führt den Forscher zur Aufstellung eines hypothetischen Grundgesetzes oder mehrerer solcher. Aus dem Grundgesetz (System der Axiome) zieht er auf rein logisch-deduktivem Wege möglichst vollständig die Folgerungen.

Natürlich verwarf Einstein induktive Vorgehensweisen nicht per se. Auch er sah den Nutzen darin, im Zuge von Experimenten Fakten zu sammeln und anhand dieser zu allgemeingültigen Grundsätzen zu gelangen. Ihm war bewusst, dass alle Wissenschaftler mehr oder weniger stark Methoden der Induktion und der Deduktion miteinander kombinieren. Einstein selbst baute seine Theorien rund um Fixpunkte auf, die auf einer durch Experimente bestätigten Grundlage fußten. Er fand es bewundernswert, wie bei der Induktion Einzeltatsachen »so gewählt und gruppiert [werden], dass der gesetzmäßige Zusammenhang zwischen denselben klar hervortritt.« Und weiter: »Durch Gruppierung dieser Gesetzmäßigkeiten lassen sich wieder allgemeinere Gesetzmäßigkeiten erzielen, bis ein mehr oder weniger einheitliches System zu der vorhandenen Menge der Einzeltatsachen geschaffen wäre.« Seine Theorien fielen ihm natürlich nicht einfach so in den Schoß, seinen Gedanken musste schon eine empirische Dimension zugrunde liegen. Doch von diesem Startpunkt aus stieß er in Richtungen vor, die vor ihm niemand gesehen hatte. Seine Intuition führte ihn zu Schlussfolgerungen, an die bislang niemand auch nur gedacht hatte. Narrensicher war sein Vorgehen dabei keineswegs. Es war beileibe nicht so, als habe er sich nur an den Schreibtisch setzen müssen und schon sei ihm die allgemeine Relativitätstheorie eingefallen. Nein, seine Intuition führte ihn in zahllose Sackgassen. Und dennoch: Normalerweise reicht eine einzige bahnbrechende Entdeckung aus, um ein Leben ungewöhnlich zu machen – und bei Einstein waren es deutlich mehr als nur die eine.

1887 fand das Michelson-Morley-Experiment statt. Lange wurde darüber gestritten, inwieweit dieses Experiment Einstein beeinflusste, als er die spezielle Relativitätstheorie entwickelte. Die Antwort darauf ist letztlich müßig, aber Einstein hat eine Äußerung zu dem Experiment gemacht, die zeigt, wie sehr er an eine gute, altmodische Vorahnung glaube: »Ich war von der Gültigkeit des Prinzips schon überzeugt, bevor ich von dem Experiment und dessen Ergebnissen erfahren habe.«

Heutzutage kann Eingebung stellvertretend für inspirierte Spekulationen oder ein Bauchgefühl stehen, das sich als korrekt erwies. Einstein dagegen hätte es anders gesehen. Für ihn hatte die Intuition einen Ursprung, der vielleicht nicht sofort klar war, der aber auf zuvor erworbenes Wissen und frühere Gedankengänge zurückgeführt werden konnte. 1949 schrieb er an H. L. Gordon: »Eine neue Idee erscheint plötzlich und auf eher instinktive Weise. Doch Intuition ist nichts anderes als das Ergebnis früherer intellektueller Erfahrungen.« Insofern war Intuition kein Geistesblitz, den wir uns gerne vorstellen, sondern ein durchdachtes philosophisches Herangehen auf eine gewisse Art und Weise zu denken.

Sehen Sie die Welt mit anderen Augen

Fantasie ist wichtiger als Wissen.
Wissen ist begrenzt. Fantasie aber umfasst die ganze Welt.

ALBERT EINSTEIN, 1929

Eingebung war wichtig für Einstein, aber damit ging ein unerschütterliches Vertrauen in die Macht der Fantasie einher. Es war dieser Glaube, der Einstein in die Lage versetzte, Wissen auf völlig neuartige Weise umzugestalten. Er besaß ausreichend Vorstellungsvermögen, die Welt anders als alle seine Vorgänger zu betrachten – und den Mut, dieser Fantasie freien Lauf zu lassen. »Einstein ist so großartig, weil er uns einen wahrhaftigeren Blick auf die Welt ermöglicht hat und weil wir dank ihm ein klein wenig besser verstehen, wie wir mit dem Universum um uns herum verbunden sind«, schrieb der Physiker und Nobelpreisträger Arthur Compton.

Ebenfalls wichtig: Einstein konnte gut kommunizieren und anderen seinen einzigartigen Blick auf die Welt vermitteln. Natürlich sind seine schriftlichen Abhandlungen nicht völlig problemlos verständlich, aber wer über zumindest etwas Hintergrundwissen verfügt, kann sicherlich nachvollziehen, wie Einstein Jahrhunderte wissenschaftlicher Erkenntnisse auf den Kopf stellte.

1910 kam das Gerücht auf, Einstein werde eine Stelle an der Universität in Prag annehmen. Ein Großteil seiner Studenten in Zürich setzte darauf eine Bittschrift in der Hoffnung auf, die Universitätsleitung werde Einstein doch halten. »Professor Einstein besitzt die besondere Fähigkeit, die schwierigsten Probleme der theoretischen Physik so klar und so verständlich zu präsentieren, dass es uns eine große

Freude ist, seinen Vorlesungen zu lauschen«, schrieben die Studenten. »Außerdem gelingt es ihm, ein perfektes Verhältnis zu seinem Publikum aufzubauen.« Einstein besaß also offenbar eine seltene Gabe: Er war ein Visionär, der seine Ideen auch noch vermitteln konnte.

Mit Gewissheit lässt sich nicht erklären, woher seine außergewöhnliche Vorstellungskraft kam, aber es gibt einige Hinweise. So dachte Einstein im Gegensatz zum Großteil der Menschen nicht verbal. »Ich denke überhaupt nur sehr selten in Worten«, erklärte er einmal. »Ein Gedanke kommt und ich kann hinterher versuchen, ihn in Worten auszudrücken.« Wenn er also nicht in Worten dachte, was schoß ihm dann durch den Sinn?

Man könnte meinen, seine Gedanken hatten eine Körperlichkeit, die sich dem Großteil von uns entzieht. 1945 veröffentlichte Jacques Hadamard *The Mathematician's Mind: The Psychology of Invention in the Mathematical Field*, ein bemerkenswerter Aufsatz zur Mathematik, zu dem auch Einstein beitrug. Im Schriftwechsel mit Hadamard erklärte Einstein: »Die Wörter der Sprache, wie sie geschrieben oder gesprochen werden, scheinen für meine Denkweise keine Rolle zu spielen.« Und weiter: »Die geistigen Gebilde, die mir als Elemente des Denkens zu dienen scheinen, sind bestimmte Zeichen und mehr oder weniger klare bildliche Vorstellungen, die sich ›absichtlich‹ reproduzieren und kombinieren lassen. ... Die oben erwähnten Elemente sind in meinem Fall visueller und gelegentlich muskulärer Art.«

Diese non-verbalen Gedankenprozesse gingen einher mit einer tiefen Verwurzelung in der Sprache der Mathematik. Diese Sprache, davon war Einstein überzeugt, birgt sämtliche

Schlüssel zu den Geheimnissen der natürlichen Welt. Einstein konnte Gleichungen »sehen«. Einer seiner Studenten schildert, dass er nur eine abstrakte Formel sah, während Einstein längst die körperliche Manifestation begriffen hatte.

Möglicherweise – aber dafür gibt es keinerlei Beweise – hängt dies mit einer einzigartigen Zusammensetzung seines Gehirns zusammen. 1999 veröffentlichte ein Team Neurobiologen um Sandra Witelson von der McMaster-Universität im kanadischen Hamilton einen Text über den Aufbau von Einsteins Gehirn. Vor allem durch das Studium von Fotografien kam das Team zu dem Schluss, Einsteins Scheitellappen seien etwa 15 Prozent größer gewesen als die einer repräsentativen Vergleichsgruppe. Die Scheitellappen gelten als der Teil des Gehirns, der im Zusammenhang mit mathematischem, visuellem und räumlichem Denken steht. (Eine faszinierende Zusatzinformation: Die Gesamtgröße von Einsteins Gehirn lag für einen modernen Menschen eher am unteren Ende des Durchschnitts.) Mehrere Jahre später stellte der Anthropologe Dean Falk von der Florida State University in Tallahassee die Theorie auf, ein auffälliges Muster von Rillen und Rücken in den Scheitellappen sei verantwortlich dafür, dass Einstein sich physikalische Probleme bildlich vorstellen konnte.

Es war ebendiese Fähigkeit, in Bildern und Gefühlen zu denken und abstrakten mathematischen Konstrukten eine körperliche Realität verleihen zu können, dank derer Einstein so große Fortschritte erzielen konnte. Doch seine Art und Weise, die Welt um sich herum wahrzunehmen, war auch in anderer Hinsicht einzigartig: Hinter seinem Streben, für große Probleme eine einfache Erklärung zu finden, stand der Wunsch, sich ein kindliches – kein kindisches! – Gemüt zu bewahren und entsprechend auf die Welt zu schauen und sich diese Sichtweise zu erhalten. 1921 schrieb er: »Das Studium und allgemein das Streben nach Wahrheit und Schönheit ist ein Gebiet, auf dem wir das ganze Leben lang Kind bleiben dürfen.«

Gleichzeitig hatte er den Wunsch, sich vermeintlich unterschiedliche Ansätze und Zweige der Wissenschaften anzusehen und der Frage nachzugehen, wie und wo sie zusammenhängen. Anders gesagt: Wo die meisten anderen Menschen nur die Unterschiede sahen, war er auf der Suche nach Gemeinsamkeiten. Seinem guten Freund Marcel Grossmann schrieb er einst: »Es ist ein herrliches Gefühl, die Einheitlichkeit eines Komplexes von Erscheinungen zu erkennen, die der direkten sinnlichen Wahrnehmung als ganz getrennte Dinge erscheinen.«

Und noch etwas sei erwähnt, was Einstein anbelangt: Er sah sich nicht nur als Wissenschaftler. Für ihn galt: »Die größten Wissenschaftler sind immer auch Künstler.« Dahinter steht der Gedanke, dass große wissenschaftliche Durchbrüche genauso viel Talent, Vorstellungskraft und Kreativität erfordern, wie man es bei künstlerischen Genies wie Mozart, Bach, Tolstoi oder Shaw findet. Zentrale Eigenschaft eines jeden Künstlers ist eine große Einbildungskraft. An Viereck schrieb Einstein: »Ich bin Künstler genug, um meine Vorstellungskraft frei schweifen zu lassen.«

Gedankenspiele

*Wie wäre es, wenn man hinter einem
Lichtstrahl herliefe? Wie, wenn man auf ihm ritte? …
Wenn man schnell genug liefe, würde er sich überhaupt
nicht mehr bewegen? … Was ist
»die Lichtgeschwindigkeit«?*

ALBERT EINSTEIN, 1916
zu Max Wertheimer

Wie kaum ein anderer sonst in der Geschichte zählt
Einstein zu den wichtigsten Vertretern, die Gedankenexperimente durchführten. Aber was genau verbirgt
sich dahinter? Allgemein gesprochen ersinnt man in
Gedanken einen Test, mit dessen Hilfe überprüft wird,
wie gut eine Idee oder eine These funktioniert, für die es
noch keinen physikalischen Beweis gibt. Gedankenexperimente haben eine lange und ruhmreiche Vorge-
schichte in der Forschung und der Philosophie. Geis-
tesgrößen wie beispielsweise René Descartes, Galileo
Galilei, Gottfried Leibniz und Isaac Newton haben von
dieser Methode Gebrauch gemacht.

Das obige Zitat ist an ein Gedankenexperiment ange-
lehnt, das den 16-jährigen Einstein beschäftigt hatte, als
er noch recht grün hinter den Ohren war. Wie wäre es,
wenn man parallel zu einem Lichtstrahl ritte, fragte er
sich. Zehn Jahre lang arbeitete er sich immer wieder an
dieser Frage ab und seine Schlussfolgerungen legten
den Grundstein für die spezielle Relativitätstheorie.

Also: Wie wäre es denn, wenn man tatsächlich neben einem Lichtstrahl reiten könnte? Allein schon die Frage würde wohl unser aller Vorstellungskraft übersteigen. Der junge Einstein konnte jedoch nicht nur die Grundparameter dieses Rätsels definieren, er konnte dann auch die Folgen visualisieren, die etwas Derartiges hätte. Eine außergewöhnliche Leistung.

Doch das war erst der Anfang, es folgten weitere, mindestens genauso bedeutsame Gedankenexperimente. Auf der Suche nach der speziellen Relativitätstheorie stellte er sich einen fahrenden Zug vor, der gleichzeitig an beiden Enden vom Blitz getroffen wird. Wie würde dies für einen stationären Augenzeugen aussehen, der am Bahndamm steht, und wie für jemanden, der im Zug sitzt? Einstein kam zu einem Ergebnis, das sein – und im Zuge dessen auch unser – Verständnis von Zeit völlig auf den Kopf stellte.

Die Idee für sein drittes großes Gedankenexperiment kam ihm eines Tages im Büro, als gerade wenig zu tun war. Es ging darum, einen Probanden in einem geschlossenen Fahrstuhl in freien Fall zu versetzen. Einstein kam zu dem Schluss, dass die Testperson nicht wissen würde, ob sie sich im Griff eines Gravitationsfelds befände oder in den schwerelosen Tiefen des Weltraums. Diese Erkenntnis trug zur Entwicklung der allgemeinen Relativitätstheorie bei.

Im Laufe der Jahre führte Einstein zahllose Gedankenexperimente durch. Die eben genannten stellen nur eine kleine Auswahl dar. Weitere Überlegungen hatten auch auf andere Wissenschaftler sehr starke Auswirkungen, wie jenes, bei einem ging es um einen Haufen instabiles Schießpulver ging. Da dieses explodieren kann, befindet es sich gemäß der Quantentheorie in einem Zustand zwischen »explodiert« und »nicht explodiert«. Schrödinger erklärte später, dass dieses Gedankenexperiment eine wichtige Rolle bei der Entwicklung der wohl berühmtesten theoretischen Katze der Geschichte gespielt hat.

Wenn Einstein seinen Gedanken freien Lauf ließ, hat dies meistens natürlich nicht derart reichhaltige Früchte getragen wie hier geschildert, aber es war dennoch keine Zeitverschwendung. Auf diese Weise schärfte Einstein sein Verständnis von der materiellen Welt. Gleichzeitig zeigen die Überlegungen, wie Einstein aus seiner überragenden Einbildungskraft wissenschaftlichen Nutzen schlagen konnte. Er beschrieb es selbst so: »Es ist eine plötzliche Erleuchtung, nahezu ein Zustand der Verzückung. Später bestätigen oder widerlegen intelligenzgesteuerte Beurteilungen und Experimente diese Eingebung natürlich, aber zunächst macht die Fantasie einen großen Satz vorwärts.«

Suchen Sie sich Gleichgesinnte

Ich bin ein Einspänner, nicht gemacht für einen
Zweispänner oder Arbeit im Gespann.

ALBERT EINSTEIN, 1930

Wie das Zitat belegt, war Einstein ein Mensch, der weite Teile seines Lebens allein für sich getüftelt hat. Seine größten Entdeckungen gelangen ihm vor allem im Alleingang. Nichtsdestotrotz besaß er ein einzigartiges Talent dafür, sich intellektuelle und philosophische Seelenverwandte zu suchen. Auf seine Arbeit hatten sie zwar nur wenig direkten Einfluss, aber sie spielten eine wichtige Rolle bei seiner allgemeinen Entwicklung.

Max Talmud ist so ein Beispiel. Als Einstein etwa zehn Jahre alt war, begannen seine Eltern, jeden Donnerstag einen unvermögenden Medizinstudenten aus der Nachbarschaft einzuladen – Max Talmud. Der elf Jahre ältere Talmud erinnert sich, seinen jungen Begleiter kaum einmal mit Freunden in seinem Alter gesehen zu haben. Die beiden jedoch verstanden sich trotz des Altersunterschieds auf Anhieb prächtig.

Talmud versorgte Albert regelmäßig mit Titeln aus seiner wissenschaftlichen Bibliothek und entfachte damit Einsteins unstillbaren Wissensdurst. Zunächst war es die Mathematik, die die beiden vereinte und Albert Gelegenheit gab, einmal pro Woche zeigen zu können, was für Fortschritte er gemacht hatte. Sehr schnell erkannte Talmud, dass sein Schützling ihn abgehängt hatte. Daraufhin führte er Albert an die Philosophie heran und gab ihm Texte von Immanuel Kant, David Hume oder Ernst Mach. Sie diskutierten grundsätzliche Fragen wie: »Was kann man über die Realität wissen?« Der junge

Einstein erhielt auf diesem Weg ein Basiswissen, das ihm den Rest seines Lebens gute Dienste leisten sollte. In Talmud hatte Albert zufällig eine verwandte Seele gefunden und ihre Freundschaft beförderte sein geistiges Wachstum. Nach einer Weile trennten sich ihre Wege wieder und man verlor sich aus den Augen, aber wie Talmud berichtete, ließen sie ihre Beziehung nach 20-jähriger Pause noch einmal kurz aufleben.

Auch als Einstein 1895 der Schule wegen zur Familie Winteler nach Aarau zog, zeigte sich sein Talent, sich die »richtigen« Leute herauszupicken. Familienpatriarch Jost Winteler nahm Albert unter seine Fittiche und die beiden diskutierten stundenlang über Politik. Jost war ein Liberaler mit tief sitzendem Argwohn gegenüber Nationalismus und Militarismus. Beim jungen Einstein fand er damit viel Widerhall und hatte im Laufe der Zeit starken Einfluss auf dessen politische Gesinnung: In Einsteins liberaler, linksgerichteter, demokratischer und föderaler Grundhaltung schimmert sehr viel von Winteler durch.

Hinzu kommen die Beziehungen, die er mit anderen Wissenschaftlern einging. Am Polytechnikum in Zürich lernte er Michele Besso kennen. Dieser sollte sich nicht nur als vielleicht wichtigster Freund im Leben Einsteins erweisen, er fungierte auch als Testpublikum für Einsteins wissenschaftliche Ideen. Ebenfalls in Zürich lernte Einstein Marcel Grossmann kennen, der ein enger Freund wurde und dessen mathematische Fähigkeiten er auf dem Weg zur allgemeinen Relativitätstheorie anzapfte. Und dann war da natürlich auch noch Mileva Marić, seine spätere Frau. Die beiden lernten sich ebenfalls am Polytechnikum kennen und gegenseitige intellektuelle Bewunderung war der Nährboden für ihre Beziehung.

Zwar arbeitete Einstein grundsätzlich am besten auf sich alleine gestellt, aber er verlor dabei nie aus den Augen, welche Gefahren es mit sich bringen kann, ganz ohne Kontakt zur Außenwelt zu arbeiten. Glücklicherweise erlag er auch nie der Eitelkeit, obwohl es nur natürlich gewesen wäre, schließlich hatte er schon in vergleichsweise jungen Jahren der Welt Erkenntnisse von unschätzbarem Wert geschenkt und weltweit in aller Munde. Wie schnell könnte jemand, der von Natur aus eher Einzelgänger ist, da endgültig zu der Einschätzung gelangen, er brauche überhaupt niemanden mehr.

Stattdessen ging Einstein zahlreiche zeitlich begrenzte Bündnisse ein und führte parallel dazu fruchtbare und jahrzehntelang während Beziehungen. (Das war nicht immer ganz einfach: Viele Mitmenschen mussten Phasen überstehen, in denen man beruflich nicht einer Meinung war.) Auf diese Weise gelang es ihm, mit bekannten Namen wie Peter Bergmann, Satyendra Nath Bose, Wander Johannes de Haas, Leopold Infeld, Boris Podolsky, Nathan Rosen und Leó Szilárd wichtige Werke abzuschließen. Auch mit Marie Curie verstand sich Einstein auf Anhieb prächtig. 1917 schrieb sie:

Ich konnte erkennen, über welch klaren Verstand er verfügt, wie umfassend seine Informationen sind und wie weitreichend sein Wissen … Mit gutem Recht setzt man die allergrößten Hoffnungen in ihn und kann erwarten, dass er einer der führenden Theoretiker der Zukunft sein wird.

Einstein war niemand, der sich nur mit Menschen umgab, die grundsätzlich seine Meinung teilten. Er hatte es sich zur Aufgabe gemacht, Gewissheiten zu hinterfragen, insofern hatte er auch Vergnügen daran, sich mit Menschen auseinanderzusetzen, die seine eigenen vermeintlichen »Wahrheiten« hinterfragten. Mit Niels Bohr, der dänischen Koryphäe der Quantenphysik, lieferte er sich ein heftiges intellektuelles Sparring, während sich gleichzeitig eine tiefe Freundschaft entspann. 1920 schrieb Einstein an Bohr: »Ich habe in meinem Leben nur selten erlebt, dass ein Mensch mir durch seine bloße Anwesenheit so viel Freude bereitet hat wie Sie.«

Auch Max Born sollte auf der Liste derjenigen stehen, die enge Freunde Einsteins wurden, während sie wissenschaftlich in entgegengesetzten Lagern standen (ähnlich wie bei Bohr bezüglich Fragen der Quantentheorie). Erwin Schrödinger war, wie bereits erwähnt, ebenfalls jemand, mit dem Einstein hervorragend zurechtkam. Einstein machte sich leidenschaftlich für Schrödingers Arbeit stark und Schrödinger für Einsteins. Dass sich die beiden immer wieder wegen fachlicher Auseinandersetzungen in die Haare gerieten, änderte daran nichts.

Er sei kein einfacher Zeitgenosse, räumte Einstein selbst ein, aber das hinderte ihn nicht daran, über sämtliche Unterschiede in Klasse, Rasse und Geschlecht hinweg Beziehungen aufrechtzuerhalten. Freundschaften, die er als junger, noch völlig unbekannter Mensch schmiedete, hielten ein Leben lang, aber auch nachdem er berühmt geworden war, baute er wichtige Verbindungen zu einer sehr bunten (und oftmals überraschenden) Mischung von Menschen auf. 1914 beispielsweise lernte er den indischen Literaturnobelpreisträger Rabindranath Tagore kennen und führte tief gehende Gespräche mit ihm. In den 1930er-Jahren gab es einen intensiven Briefwechsel mit Sigmund Freud. Und auch Elisabeth Gabriele in Bayern, Gattin von Belgiens König Albert I., zählte zu Einsteins Freunden. Die Monarchin und der Forscher lernten sich Ende der 1920er-Jahre kennen und betrieben viele Jahre lang eine sehr lebhafte Korrespondenz, in deren Verlauf auch zahlreiche Vertraulichkeiten ausgetauscht wurden.

Und was ist mit Einsteins wohl prominentester Bekanntschaft, dem Hollywood-Filmstar Charlie Chaplin? Anfang der 1930er-Jahre war Chaplin der unbestrittene König von Hollywood und die beiden waren vielleicht die einzigen Persönlichkeiten weltweit, die es in Sachen Ruhm miteinander aufnehmen konnten: Beide hatten auf ihre Weise die Sicht der Menschen auf die Welt grundlegend verändert. Einstein hatte deutlich gemacht, dass er den Filmstar sehr gerne kennenlernen würde, und die beiden verstanden sich auf Anhieb prächtig. Lag es vielleicht auch daran, dass sie politisch eher links standen? Jedenfalls tauchten die beiden 1931 gemeinsam nach der Premiere von *Lichter der Großstadt* auf dem roten Teppich auf. Einstein mochte sich in Fragen des Universums besser auskennen, dafür hatte Chaplin mehr Erfahrung mit dem Leben als Berühmtheit. Er sah sich die wogende Menschenmenge vor dem Lichtspielhaus an und kommentierte trocken: »Mich bejubeln sie, weil sie mich alle verstehen. Sie bejubeln sie, weil niemand Sie versteht.« Angeblich wollte Einstein daraufhin wissen: »Und was hat das alles zu bedeuten?« Chaplins Antwort: »Nichts.«

Offensichtlich war sich Chaplin sehr wohl bewusst, wie groß der Unterschied zwischen unkritischer Verehrung und echtem Eingehen auf Menschen ist, die einen »begreifen«. Einstein wusste, dass diese Regel auch in seiner Welt gilt, das zeigt sein Umgang mit Freundschaften.

Die Akademie Olympia

Einstein war im Laufe der Jahre in zahlreichen ehrenwerten akademischen Einrichtungen Mitglied, aber keines dieser Häuser lag ihm so am Herzen wie die Akademie Olympia. Zusammen mit einigen Gleichgesinnten gründete er die Akademie 1902 in Bern. Ende 1901 hatte Einstein eine Annonce im *Anzeiger der Stadt Bern* geschaltet. Weil er auf einen Posten im Patentamt hoffte, hielt er sich in der Stadt auf, aber bis es so weit war, hing er in der Luft. Um die Zeit zu überbrücken, bot er sich gegen kleines Geld (die erste Stunde war sogar gratis) als Nachhilfelehrer für Mathematik und Physik an.

Die Anzeige in der Tageszeitung weckte das Interesse des rumänischen Philosophiestudenten Maurice Solovine, der sein Physikwissen aufbessern wollte. Die beiden vereinbarten ein Treffen, unterhielten sich aber keineswegs über wissenschaftliche Dinge, sondern plauderten freundschaftlich über eine breite Palette von Themen. Einstein wurde rasch klar, dass er seine neue Zufallsbekanntschaft weniger als Schüler und Einnahmequelle sah, sondern vielmehr als jemanden, mit dem er über Philosophie debattieren konnte. Schon bald studierten sie gemeinsam Texte großer Autoren aus allen Epochen und brachten ihre eigene Arbeit mit, die als Grundlage für Vorlesungen, Debatten und Diskussionen diente. Angeblich war *The Grammar of Science* von Karl Pearson der erste Titel, den sie gemeinsam durcharbeiteten.

Nach wenigen Wochen wurde ihr Kreis um den Mathematiker Conrad Habicht erweitert, einen Bekannten Einsteins. Ihre Treffen zogen sich oftmals bis spät in die Nacht hin und nicht zuletzt deshalb, weil die Runden vor allem in Einsteins Wohnung stattfanden, wurde er zum »Präsident der Akademie Olympia« ernannt. Natürlich war der Titel damals nur ein Scherz, aber wenige Akademien sollten einen derartigen Einfluss auf die geistige Welt des 20. Jahrhunderts haben.

Einstein, Solovine und Habicht bildeten den Kern der Akademie. Andere durften gelegentlich teilnehmen, beispielsweise Habichts Bruder Paul, Michele Besso, Marcel Grossmann und Mileva Marić. Zumeist begannen die Treffen mit einem gemeinsamen Essen, das allerdings angesichts der chronischen Ebbe in der Kasse der Studenten häufig eher spartanisch ausfiel. Gelegentlich unterbrach Einstein auch die Debatten, indem er sich seine Geige griff und aus dem Stegreif etwas spielte. Zwischen Einstein, Solovine und Habicht entwickelte sich eine bemerkenswert gut gelaunte Kameradschaft, aber als Habicht 1904 und Solovine 1905 aus Bern wegzogen, fand auch die Akademie ihr Ende. Die drei blieben allerdings ihr Leben lang Freunde und intellektuelle Sparringspartner. Einstein wusste sehr wohl zu schätzen, welch enormen Einfluss die Akademie auf seine Laufbahn hatte. In Schreiben an Habicht diskutierte er einige seiner größten Entdeckungen und mit Solovine führte er zeitlebens einen Briefwechsel. Solovine sollte auch sein Verleger für den französischen Raum werden. Offenkundig hatte Einstein sehr schöne Erinnerungen an die Akademie, denn 1953 schrieb er Solovine eine an die Akademie gerichtete Gedenkrede:

In deinem kurzen aktiven Dasein hast du in kindlicher Freude dich ergötzt an allem, was klar und gescheit war. Deine Mitglieder haben dich geschaffen, um sich über deine großen, alten und aufgeblasenen Schwestern lustig zu machen. Wie sehr sie damit das Richtige getroffen haben, hab ich durch langjährige sorgfältige Beobachtungen voll zu würdigen gelernt.

Wir alle drei Mitglieder haben uns zum Mindesten als dauerhaft erwiesen. Wenn sie auch schon etwas krächelig sind, so strahlt doch noch etwas von deinem heiteren und belebenden Licht auf unsern einsamen Lebenspfad.

Erledigen Sie Ihre Arbeit

Einstein war ein fauler Hund.

HERMANN MINKOWSKI
Einsteins Mathematikprofessor

Dass Einstein von Natur aus eine Gabe für Mathematik und die Naturwissenschaften hatte, zeichnete sich bereits in frühen Jahren ab. Weniger klar dagegen war, ob er auch die nötige Disziplin aufbringen würde, um aus diesen Talenten etwas zu machen.

1895 war der frühreife Albert in seinen Spezialgebieten so weit vorangeschritten, dass er seine erste wissenschaftliche Abhandlung verfasste – *Über die Untersuchung des Ätherzustands im magnetischen Felde* – und sich zwei Jahre vor der Zeit um einen Studienplatz bewarb. Doch er bestand die Aufnahmeprüfung nicht, weil er im allgemeinen Teil zu schlecht war. Zu seiner Ehrenrettung muss man erwähnen, dass Einstein sich sofort darum kümmerte, die fehlenden Wissenslücken zu schließen. Wie wir gesehen haben, gelang ihm das mit Erfolg, denn später wurde er doch am Polytechnikum in Zürich angenommen. Und dennoch: Die Schlussfolgerung drängt sich auf, dass er zu früh zu viel wollte und sich dabei zu sehr auf seine angeborenen Fähigkeiten verließ. Das unterscheidet ihn natürlich nicht von zahllosen anderen Schülern vor und nach ihm, und ganz genauso wie viele andere Schüler fiel es auch ihm schwer, großen Einsatz für Lehrstoff zu zeigen, der ihn nicht sonderlich interessierte. Diese Schwäche sollte ihn noch eine Weile begleiten.

Nachdem er die Aufnahmeprüfung für das Polytechnikum wegen Defiziten in einigen allgemeinen Fächern nicht bestanden hatte, ging Einstein nach Aarau und konzentrierte sich aufs Büffeln. Dabei half ihm der dortige Lehrgedanke, der großen Wert darauf legte, die »innere Würde« des Schülers zu fördern, und die Kinder ermutigte, sich mit ihrem eigenen Individualismus zu befassen. Starken Einfluss hatten hier die Ideen des Schweizer Schulreformers Johann Heinrich Pestalozzi, der rund 100 Jahre vor Einsteins Schulzeit die These vertreten hatte, Schüler müssten mit Kopf, Hand und Herz lernen. Es gehe nicht darum, dass Lehrer etwas erzählen sollen, sondern dass die Persönlichkeit des Schülers in den Lernprozess eingebunden wird und dass mithilfe von Aktivitäten, Gegenständen und Visualisierungen gearbeitet wird. Schüler sollten den Freiraum haben, ihren eigenen Interessen nachzugehen und zu eigenen Schlussfolgerungen zu gelangen. Kurzum: Pestalozzis Ideen waren Lichtjahre entfernt von dem stark preußisch geprägten strikten Lernen, wie es in Deutschland damals praktiziert wurde. In diesem neuen Umfeld blühte Einstein auf.

Doch nachdem er begonnen hatte, am Polytechnikum zu studieren, holten ihn einige schlechte Angewohnheiten wieder ein. Zugleich lehnte er sich gegen die Einschränkungen der akademischen Welt auf. Es hatte sich rasch herausgestellt, dass Einstein in der Physik deutlich besser war als in der Mathematik, woraufhin er seine Aufmerksamkeit auf seine Stärken bündelte. Später sollte er eingestehen: »Als Student war mir nicht bewusst, dass ein umfassenderes Verständnis der grundlegenden physikalischen Prinzipien mit den detailliertesten mathematischen Methoden einherging.« In der Praxis bedeutete das: Einstein war so wenig an seinem Mathematikstudium interessiert, dass sein Professor

Hermann Minkowski sich an seinen Studenten als »faulen Hund« erinnerte.

Auch beim Physikstudium legte Einstein ganz klare Präferenzen an den Tag. Die großen Fragen der zeitgenössischen Physik beispielsweise interessierten ihn deutlich stärker als die historischen Grundlagen dieser Wissenschaft. Leider machte dieser Aspekt einen Großteil des Lehrplans in Zürich aus. Und auch bei der Frage »Theorie oder Praxis?« musste Einstein nicht lange überlegen, er war ganz klar ein Mann der Theorie. Das ging so weit, dass sein Professor Jean Pernet ihn 1899 durchfallen ließ und ihn vom Polytechnikum offiziell rügen ließ wegen »Vernachlässigung des physikalischen Praktikums«. Wenige Monate später verursachte Einstein eine Explosion in einem von Pernets Laboren und landete mit einer verletzten Hand, die genäht werden musste, im Krankenhaus. Der Vorfall trug nicht gerade dazu bei, Einstein davon zu überzeugen, dass er für die praktische Seite der Physik geeignet sei. Steckte Absicht dahinter? Hielt es Einstein wie jemand, der nicht kochen mag und deshalb vorsätzlich das Essen anbrennen lässt?

Gesellschaftlich ließ Einstein während seiner Studienzeit in Zürich nichts anbrennen und stürzte sich kopfüber in die hiesige Künstlerszene. Und auch hier unterschied sich Einstein nicht sonderlich von zahllosen anderen Studenten: Sein Wunsch, das Leben in vollen Zügen zu genießen, führte dazu, dass seine Anwesenheitsquote bei den Vorlesungen alles andere als perfekt war. Zum Glück hatte er in Marcel Grossmann einen gutmütigen und pflichtbewussten Freund, der Einstein seine Notizen gab und ihn in der Mathematik auf Kurs hielt. Hier haben wir ein weiteres Beispiel für Einsteins gelegentlich lasche Einstellung und seinen Unwillen, hart zu arbeiten. Das schlug sich in seinem Zeugnis nieder, denn Einsteins Noten waren im Vergleich zu denen seiner Kommilitonen eher schlecht.

Auch nach seinem Studienabschluss zeigte sich seine Abneigung gegen die akademischen Konventionen und Sitten. Er hatte längst alle Versuche aufgegeben, sogar bei der für seine eigenen Interessensgebiete wichtigen Lektüreliste auf dem neuesten Stand zu bleiben. So schimpfte er 1907 darüber, dass er nicht alles habe lesen können, was seit seiner eigenen umwälzenden Arbeit im Jahr 1905 über die Relativität veröffentlicht wurde. Seine Begründung? »Wenn ich frei habe, ist die Bibliothek geschlossen!«

»Was hätte Einstein alles erreichen können, wenn er in Geografie besser aufgepasst hätte und wenn er seine Mathematik-Hausaufgaben gewissenhafter erledigt hätte?« Eine derartige Frage ist vermutlich bedeutungslos, aber es lässt sich wohl guten Gewissens behaupten, dass Einsteins erste Karriereschritte glatter verlaufen wären, hätte er sich in allen akademischen Fächern ins Zeug gelegt und nicht nur in denen, die ihm ohnehin lagen.

Hinterfragen Sie Obrigkeiten

Es lebe die Unverfrorenheit! Sie ist
mein Schutzengel in dieser Welt!

ALBERT EINSTEIN

Der rebellische Zug bei Einstein war angeboren. Das zeigt sich in seiner Weigerung, sich den Gepflogenheiten und Anforderungen der akademischen Welt völlig unterzuordnen. Dieser Charakterzug sollte sich für seine theoretische Arbeit als immens wichtig erweisen. Einstein war ein Freigeist, dem es von Grund auf widerstrebte, den Willen anderer zu unterwerfen. Zwischen dem einzelnen Menschen und der Gesellschaft herrschte nach Auffassung Einsteins ein brüchiges Gleichgewicht, bei dem erster nicht durch letztere aufgesogen werden dürfe. 1932 schrieb er: »Ohne schöpferische, selbstständig denkende und urteilende Persönlichkeiten ist eine Höherentwicklung der Gesellschaft ebenso wenig denkbar wie die Entwicklung der einzelnen Persönlichkeit ohne den Nährboden der Gemeinschaft.«

Es dauerte nicht lange, da zeigte sich beim jungen Albert die angeborene Neigung, sich gegen die Obrigkeit aufzulehnen. So wie er die Schulzeit in Aarau später lieben sollte, hasste er zuvor das Luitpold-Gymnasium in München, das er im Alter von acht Jahren erstmals besuchte und das sich wegen seiner quasi-militärischen Zucht und Ordnung rühmte. Noch viele Jahre später erinnerte er sich mit kaum verhohlener Abscheu daran, wie seine Mitschüler aus dem Klassenzimmer stürmten, um vorbeimarschierende Militäreinheiten zu bewundern. »Ich verachte alle, die es lieben, im Takt der Musik zu marschieren, denn sie haben ihr Gehirn nur aus

Zufall bekommen«, erklärte er. Einstein marschierte in seinem ganz eigenen Takt.

Während der Rest der Familie nach Italien zog, blieb Albert in München, um seine Schulausbildung zu beenden, doch 1894 verließ er das Gymnasium. Die Gründe dafür sind unklar, man weiß nur, dass ein Lehrer sich beschwert hatte, dass Albert den Unterricht störe und einen negativen Einfluss auf seine Mitschüler ausübe. Wurde Einstein hinausgeworfen oder ging er von sich aus ab? Wie auch immer, er schloss sich bald darauf wieder seiner Familie an. Wäre er noch ein Jahr im Kaiserreich geblieben, hätte er Wehrdienst leisten müssen – etwas, das Einstein hasste. Während dieser Phase war Einsteins Abscheu gegenüber Deutschland derart gestiegen, dass er bald seine Staatsbürgerschaft aufgab und es vorzog, für einige Jahre als Staatenloser zu leben.

Einsteins ohnehin ausgeprägte Abneigung gegen jedwede Form von Autorität nahm als junger Mann nur noch zu. 1901 beispielsweise schrieb er seinem Freund Jost Winteler: »Autoritätsdusel ist der größte Feind der Wahrheit.« Etwa zu dieser Zeit begann Einstein sich für die Arbeit von Paul Drude zum Ladungstransport in Festkörpern zu interessieren, allerdings stießen ihm einige Schlussfolgerungen Drudes auf. Einstein feuerte einen Brief an Drude ab, in dem er ihn auf dessen Fehler aufmerksam machte. Drudes Replik an den frühreifen Knaben fiel wenig überraschend sehr geringschätzig aus, schließlich galt der deutsche Physiker damals als einer der führenden europäischen Wissenschaftler. Einstein reagierte empört: »Ich werde mich von nun an an keinen solchen Kerl mehr wenden, sondern ihn rücksichtslos in Zeitschriften angreifen, wie er es verdient.« Sein Fazit dieser Episode: »Es ist kein Wunder, wenn man nach und nach Menschenverächter wird.«

Als Vorbilder galten Einstein Menschen, die ihren Intellekt dazu nutzten, den Status quo zu hinterfragen. Von Natur aus misstraute er allem, was ihm präsentiert wurde, und das erklärt auch, warum er ein so großer Anhänger Galileos war, denn dieser habe einen »leidenschaftlichen Kampf gegen jeglichen auf Autorität sich stützenden Glauben« geführt, wie Einstein schrieb. Auch deshalb war Einstein bereit, buchstäblich alles zu hinterfragen – alles bis hin zu den Prinzipien, auf denen nach allgemeiner Meinung unser Kosmos vermeintlich beruhte. Sein stetes Hinterfragen brachte Einstein regelmäßig in Konflikt mit Obrigkeiten, mit Berufskollegen und manchmal auch mit gefährlichen Feinden. Dennoch liegt die Vermutung nahe, dass er sich nie lebendiger gefühlt hat als mitten in derartigen Auseinandersetzungen.

In den 1950er-Jahren sprach Einstein der Bildungsbehörde des Bundesstaats New York die Empfehlung aus, im Geschichtsunterricht künftig Persönlichkeiten zu erörtern, die »der Menschheit durch die Unabhängigkeit ihres Charakters und ihres Urteilsvermögens Nutzen brachten«. Derartige Menschen waren nach Einsteins Auffassung wahre Vorbilder, denn »nur der Einzelne kann neue Ideen hervorbringen«, wie er 1952 erklärte.

... aber schauen Sie genau hin, wen Sie sich zum Feind machen

Es ist schwer, ihn sich zum Feinde zu machen, aber hat er erst einmal jemanden aus seinem Herzen getilgt, ist er mit dieser Person auch fertig.

JANOS PLESCH
Einsteins Arzt

Einstein weigerte sich furchtlos, Dinge für bare Münze zu nehmen. Das war zweifellos der Schlüssel für seinen Erfolg in der theoretischen Physik. Nur jemand, der sich unerschrocken daran wagte, lang gepflegte Grundsätze über Bord zu werfen, hätte so etwas wie die Relativitätstheorie erdenken können. Gleichzeitig besaß er den erstaunlichen Mut, sich mit deutlich mächtigeren Widersachern anzulegen – von den Nazis bis zu den McCarthy-Anhängern im Amerika des Kalten Krieges.

Am stärksten zeigte sich dieses Streben, andere und anderes herauszufordern, nachdem Einstein zur globalen Berühmtheit aufgestiegen war, zur intellektuellen Ikone und zur moralischen Autorität. Allerdings machte er sich auf diese Weise immer wieder auch ohne guten Grund Feinde – was ihn oft teuer zu stehen kam. Besonders deutlich zeigt sich das in den Jahren am Polytechnikum und in den direkt darauffolgenden Jahren.

Als einzelgängerisches Kind mit einem Kopf voller Ideen und Bilder, die kaum jemand nachvollziehen konnte, war Einstein prädestiniert dafür, immer ein wenig »eigen« zu wirken. Verstärkt wurde diese Außenseiterrolle noch dadurch, dass er als Jude in einer Zeit lebte, in der der Antisemitismus an Zulauf gewann. Als junger Mann galt er als distanziert. In einem seiner leidenschaftlichen Briefe an Mileva Marić bezeichnete sich Einstein als »der alte Lump ... voll von Kapricen, Teufeleien, und launisch wie stets«. Mit seiner barschen Art eckte er am Polytechnikum bei Autoritätspersonen wie seinem Physikprofessor Heinrich Weber an, denn er hielt nicht hinter dem Berg damit, dass er an Webers Lehrplan wenig Gefallen fand. Auch andere Mitglieder des Lehrkörpers brachte er gegen sich auf und galt keineswegs als künftiges Genie, sondern vielmehr als Störenfried. Sein Ruf als Unruhestifter durchkreuzte jedwede Hoffnung auf eine Anstellung an seiner Universität.

Aber auch von sich aus tat er wenig Nützliches in dieser Richtung. So bewarb er sich bei seinem ehemaligen Mathematikprofessor Adolf Hurwitz um Anstellung, obwohl er weite Teile von dessen Vorlesungen geschwänzt hatte. Das hielt ihn nicht davon ab, im Zuge seiner Bewerbung das Gegenteil zu behaupten, außerdem brauche er die Anstellung, weil sein Antrag auf eine Schweizer Staatsbürgerschaft davon abhänge. Kein Wunder, dass er mit diesem Ansatz nicht weit kam und so blieb Einstein der einzige aus seinem Jahrgang, der keine Stelle am Polytechnikum erhielt. Das Aufbegehren gegen lebende Denkmäler ist das eine, etwas anderes ist es, sich selber im Weg zu stehen, weil man sich nicht an die Regeln des Spiels hält. Zum damaligen Zeitpunkt schien Einstein den Unterschied nicht zu kennen.

Seine akademische Laufbahn begann enttäuschend und setzte sich zunächst auch so fort. 1901 veröffentlichte Einstein seine erste Arbeit (über Capillaritätserscheinungen), sorgte damit aber keineswegs für Aufsehen in der Welt der Wissenschaft. Er selbst bezeichnete die Arbeit später als wertlos. Auf der verzweifelten Suche nach einer Anstellung im akademischen Bereich schickte er Briefe in alle Ecken Europas, doch vergebens. Ostern 1901 kam und seine Eltern baten ihn, zu ihnen nach Mailand zu ziehen, bis er Arbeit fände. Einstein war überzeugt: Es waren die unvorteilhaften Zeugnisse Heinrich Webers, die seine Aussichten schmälerten. Vielleicht hätte man ihm deutlich machen müssen: »Willst du ein gutes Zeugnis, leg dich nicht gerade mit demjenigen an, der es ausstellt.« Aber Einstein vermutete auch noch andere, dunklere Gründe dafür, dass er auf der Stelle trat: Er spürte, dass ihm, speziell von den Hochschulen in seiner deutschen Heimat, starke antisemitische Gefühle entgegenschlugen.

Als Retter sollte sich letztlich sein alter Freund Marcel Grossmann erweisen, der ihn über eine zu besetzende Stelle im Berner Patentamt informierte. Einstein trat dort 1902 seine Arbeit an. Dass es nicht das erhoffte Sprungbrett zu Ruhm und Ehre war, hatte Einstein sich zu einem guten Teil selbst zuzuschreiben, denn dafür hatte er sich zu sorglos Widersacher geschaffen und mögliche Unterstützer einfach links liegen gelassen.

Der (relative) Kampf um eine Professur

Einstein begann im Patentamt als technischer Experte dritter Klasse und arbeitete dort die nächsten sieben Jahre, häufig sechs lange Tage pro Woche. Erst 1909, vier Jahre nach der Veröffentlichung seiner speziellen Relativitätstheorie, kündigte er. Dass sich 1900 die akademischen Einrichtungen nicht um ihn rissen, ist nachvollziehbar, aber dass sich das nicht änderte, nachdem er so große Dinge geleistet hatte, ist doch äußerst verwunderlich.

Einige führen Einsteins kreative Spitzenleistungen zu dieser Zeit auch auf seine Anstellung am Patentamt zurück. Er musste dort zahlreiche Anträge für praktische Dinge begutachten, was seinen analytischen Fähigkeiten gutgetan haben dürfte. Gleichzeitig verbrachte er viel Zeit am Schreibtisch mit vergleichsweise wenig anspruchsvollen Aufgaben. Dabei konnte er seiner Fantasie freien Lauf lassen. Einstein selbst sagte später, er habe möglicherweise davon profitiert, außerhalb der akademischen Tretmühle zu stehen, denn dort hätte man ihm eine wissenschaftliche Arbeit nach der anderen abverlangt. Die Versuchung, Mittelmäßiges abzuliefern, wäre groß gewesen. Ganz anders die Anstellung im Patentamt – sie erlaubte es ihm, sich auf das Außergewöhnliche zu konzentrieren.

Nach 1905 wuchs jedoch sein Wunsch, einen anständigen Posten an einer Hochschule zu ergattern und mehr Zeit zu gewinnen, seinen privaten Studien nachzugehen. Doch noch immer bremste er sich selbst aus, weil er nicht bereit war, sich unterzuordnen. 1907 stellte er ein Habilitationsgesuch an die Universität Bern, konnte aber nicht die geforderte unveröffentlichte Arbeit vorlegen. Im folgenden Jahr wurde er sogar von einer Schule in Zürich abgelehnt, wo er sich um die Stelle eines Ma-

thematiklehrers beworben hatte und seine verschiedenen Veröffentlichungen beigelegt hatte. Er schaffte es
noch nicht einmal in die engere Auswahl!
Im Februar 1908 wendete sich endlich das Blatt: Die
Universität Bern stellte ihn als Privatdozenten ein, allerdings mit einem so kümmerlichen Gehalt, dass er parallel zu den Vorlesungen weiter im Patentamt arbeiten
musste. Sein Traum, eine Arbeit zu finden, die ihm mehr
Freiraum für seine privaten Studien ließ, rückte in weite
Ferne. Erst im darauffolgenden Jahr erlangte er schließlich seine erste Professur, und zwar an der Universität
Zürich, der Konkurrentin seiner Alma Mater.
Wenn man bedenkt, über welch enormes Wissen Einstein verfügte, ist es erstaunlich, dass die meisten seiner
Studenten seine Vorlesungen als nicht sonderlich inte-
ressant bezeichneten. Aber er kam häufig unvorbereitet
und improvisierte dann. Der Lehrberuf schien ihm
nicht im Blut zu liegen, was sehr bedauerlich ist, schließlich sollte er im Verlauf seines Lebens vieles Interessante
über das Lehren zu sagen haben. 1934 beispielsweise
schrieb er einem nationalen amerikanischen Lehrerver-
band:

*Nicht Wissen und nicht das Begreifen an sich ist das
Wichtigste, das ein Lehrer Kindern vermitteln kann, sondern die Sehnsucht nach Wissen und Verstehen sowie ein
Verständnis für intellektuelle Werte, seien es künstleri-
sche, wissenschaftliche oder moralische.*

Ähnlich äußerte er sich in einer Rede zwei Jahre später: »Ziel muss es sein, eigenständig denkende und handelnde Menschen heranzuziehen, deren höchstes Streben darin besteht, sich in den Dienst an der Gemeinschaft zu stellen.«

Als Lehrer mag er kein Genie gewesen sein, aber er war sehr gut darin, sich mit Menschen auseinanderzusetzen, die den Wunsch und ausreichend Intellekt besaßen, sich auf ihn einzulassen. Mit dem Ziel, Einstein aus Prag zurück nach Zürich zu lotsen, schrieb Heinrich Zangger 1911:

Es ist kein guter Lehrer für denkfaule Herrn, die nur ein Heft voll schreiben wollen u. es auswendig lernen wollen für das Examen, es ist kein Schönredner, aber lernen will ehrlich, tief innerlich seine physikal Gedanken aufzubauen, alle Prämissen umsichtig zu prüfen, die Klippen und die Probleme zu sehen, die Zuverlässigkeitsgrenzen einer Überlegung zu übersehen, der findet in Einstein einen erstklassigen Lehrer.

Selbst nachdem Einstein Arbeiten vorgelegt hatte, die ihm den Nobelpreis einbrachten und ihn zu weltweiter Berühmtheit verhalfen, tat er sich noch schwer in der akademischen Welt. Warum das so ist, wird wohl eines der großen Rätsel des 20. Jahrhunderts bleiben. Daran ändert auch der Umstand nichts, dass vor allem er sich selbst häufig im Weg stand.

Schmieden Sie das Eisen,
solange es heiß ist

Wirklich Neues erfindet man nur in der Jugend.

ALBERT EINSTEIN, 1917
an Heinrich Zangger

Die akademische Laufbahn begann reichlich zögerlich, doch Einstein ließ sich davon nicht beirren. Er konzentrierte sich weiterhin auf das, was wirklich zählte: Die großen Fragen der Wissenschaft. Europas große Bildungseinrichtungen hatten ihn links liegen lassen, aber er ging brav jeden Tag ins Berner Patentamt und nutzte jede freie Minute, um seinen außergewöhnlichen Ideen nachzugehen. Als ein Geistesblitz kam, stellte er unter Beweis, dass er auch ohne den Respekt oder die Unterstützung wissenschaftlicher Einrichtungen sehr wohl imstande war, seine außergewöhnlichen Ideen und Gedanken auf die nächsthöhere Ebene zu führen.

Das war auch gut so, denn Einstein war überzeugt davon, dass es fast ausschließlich die Jugend ist, die die größten innovativen Sprünge nach vorne machen könne. 1905 gilt als Einsteins *annus mirabilis*, sein Wunderjahr. Damals war er 26. Bereits ein Jahr später fing er an, sich zu sorgen: »Bald komme ich schon ins stationäre und sterile Alter, wo man über die revolutionäre Gesinnung der Jungen wehklagt.« Natürlich sollte das Leben noch vieles für Einstein bereithalten, darunter die allgemeine Relativitätstheorie und die lange Suche nach der Einheitlichen Feldtheorie. Allerdings trifft es auch zu, dass er seine erstaunlichsten Arbeiten vor seinem 40. Geburtstag ablieferte.

Einstein wurde älter und immer prominenter und verwandte einen nicht unerheblichen Teil seiner Zeit darauf, sich für seine politischen und humanitären Anliegen stark zu machen. Dadurch büßte er seine Position an vorderster Front der Forschung ein. Vor allem dank seiner Vorarbeiten wurden seine Spezialgebiete mit neuer Forschung und neuer Literatur überflutet und Einstein hatte nicht mehr die nötige Zeit, alles davon zu lesen. Wie seine oftmals mühselige Suche nach der Einheitlichen Feldtheorie zeigt, büßte er gleichzeitig auch etwas von seiner Intuition ein, die ihn hatten erahnen lassen, aus welcher Ecke die nächsten großen Innovationen kommen könnten. Einstein machte es sehr zu schaffen, wie sich das Alter auf seine intellektuellen Fähigkeiten auswirkte. Er sprach von einer Verkrüppelung des Intellekts und hatte vor allem mit seinem 50. Geburtstag sehr zu kämpfen, denn der »Mann über 50« tue sich zusehends schwer damit, sich auf neue Gedanken einzulassen.

Der Mensch strebt nach persönlichem Fortschritt, insofern mag es für Einstein vielleicht auch eine Enttäuschung gewesen sein, dass er seine größten Triumphe schon so früh feierte. Für die Nachwelt dagegen ist das Entscheidende die Leistung an sich, nicht der Zeitpunkt. Wir können nur dankbar dafür sein, dass er schon in vergleichsweise jungen Jahren imstande war, seine Inspiration in derart fruchtbare Kanäle zu lenken.

Was also hat 1905 zu einem derartigen Wunderjahr werden lassen? Die kurze Antwort lautet: Vier wissenschaftliche Arbeiten, von denen jede einzelne dazu führt, dass die Regeln der Wissenschaft neu geschrieben werden mussten. Zu Beginn des 20. Jahrhundert lebten die Menschheit seit mehr als

200 Jahren in einem Newtonschen Universum, das den Menschen diese Zeit über ein gewisses Maß an Sicherheit verliehen hatte, denn alles ließ sich nach den Regeln von Ursache und Wirkung erklären. Gegenstände bewegten sich und verhielten sich entsprechend bestimmter Kräfte, die auf sie einwirkten. Wie Einstein es formulierte: »Im Anfang – wenn es einen solchen gab – schuf Gott Newtons Bewegungsgesetze samt den notwendigen Maßen und Kräften.«

Natürlich hatte die Wissenschaft seit Newtons Tod 1727 nicht auf der faulen Haut gelegen. Michael Faraday beispielsweise hatte Mitte des 19. Jahrhunderts mit seiner Forschung zu Elektrizität und Magnetfeldern die Vorarbeiten dazu geleistet, die es James Clerk Maxwells ermöglichten, das Phänomen des Elektromagnetismus zu erforschen. Einstein war fasziniert von der Existenz elektromagnetischer Felder und erklärte, es handele sich »um das Tiefste und Fruchtbarste, das die Physik seit Newton entdeckt hat«. Doch es war Einstein selbst, der die Vision und den Mut hatte, die nächsten großen Sprünge vorzunehmen.

Der Löwenanteil seiner bahnbrechenden Arbeiten von 1905 entstand in einer außergewöhnlich kreativen Phase zwischen März und Juni. An Conrad Habicht, der Mitgründer der Akademie Olympia, schrieb er, um das »weihevolle Stillschweigen« zwischen ihnen mit »ein wenig bedeutsamem Gebabbel« zu durchbrechen. Dann umriss er kurz seine vier Arbeiten, die die Welt durcheinander wirbeln sollten.

Die Arbeiten von 1905

Die erste Arbeit bezeichnete Einstein selbst als »sehr revolutionär«. In dem Werk geht es um Strahlung und die energetischen Eigenschaften von Licht. Diese Abhandlung ebnete ganz entscheidend den Weg für die Quantentheorie. Einstein baute auf der Arbeit von James Clerk Maxwell, Gustav Kirchhoff und Max Planck auf und kam zu dem Schluss, dass Licht in winzigsten Paketen existiert, den sogenannten Photonen. Dank dieser Entdeckung gelang der Quantenmechanik die Erkenntnis, dass Licht über eine ungewöhnliche Dualität verfügt und gleichzeitig als Welle *und* als Partikel existiert.

Das Bild von der Welt der Quanten, das Planck in seiner Arbeit zeichnete, machte Einstein zutiefst nervös: »Es war, wie wenn einem der Boden unter den Füßen weggezogen worden wäre, ohne dass sich irgendein fester Grund zeigte, auf dem man hätte bauen können.« Dennoch griff seine erste Arbeit von 1905 Plancks abstrakte Theorien auf und übertrug sie auf eine physikalische Realität. Dahinter steckt ein extrem anspruchsvolles Denken und selbst Einstein wirkte von seinen eigenen Gedanken überwältigt. Er beschrieb die Arbeit als »heuristischen Standpunkt«, also als Hypothese, die einen Lösungsweg aufzeigt, aber keine bewiesene These darstellt. In einer Passage heißt es:

Nach der hier ins Auge zu fassenden Annahme ist bei Ausbreitung eines von einem Punkte ausgehenden Licht-

strahles die Energie nicht kontinuierlich auf größer und größer werdende Räume verteilt, sondern es besteht dieselbe aus einer endlichen Zahl von in Raumpunkten lokalisierten Energiequanten, welche sich bewegen, ohne sich zu teilen und nur als Ganzes absorbiert und erzeugt werden können.

Der Einstein-Biograf Walter Isaacson urteilte: »Das war der umwälzendste Satz, den Einstein jemals geschrieben hat.« Doch auch wenn Einstein ein erstaunlicher Durchbruch gelungen war, sind Einzelheiten dieser physikalischen Realität weiterhin völlig unklar. Kurz vor seinem Tod räumte auch Einstein offen ein, dass er sich zwar seit 50 Jahren mit dem Thema befasse, aber immer noch nicht begreife, was Lichtquanten tatsächlich sind.

Die zweite Arbeit befasste sich mit der »Bestimmung der wahren Atomgröße« und sollte Einstein den überfälligen Doktortitel verschaffen. Die auf einen spezifischen akademischen Zweck zugeschnittene Arbeit war im Vergleich mit den anderen Abhandlungen der Reihe vergleichsweise unspektakulär. Im dritten Werk dagegen ging es um die Brownsche Bewegung. Mithilfe statistischer Analysen wird die Existenz von Atomen und Molekülen nachgewiesen – ein sensationeller Durchbruch, denn bis dahin hatten zwar viele Forscher spekuliert, dass es Atome gibt, doch es fehlte an beobachtbaren Beweisen.

In der vierten Arbeit skizziert Einstein die spezielle Relativitätstheorie. Seinem Freund Habicht hatte Einstein geschrieben, die Arbeit »liegt im Konzept vor und ist eine Elektrodynamik bewegter Körper unter Benützung einer Modifikation der Lehre von Raum und Zeit«. Hinter den nüchtern und gefasst klingenden Worten verbirgt sich eine Entdeckung, die unser Verständnis vom Universum grundlegend veränderte.

Bei der Arbeit an diesem Werk machten sich einige der zuvor erwähnten Gedankenexperimente bezahlt. Einstein war klar geworden: Wenn er wie in seiner Vorstellung neben einem Lichtstrahl her jage, würde ihm der Lichtstrahl unbewegt erscheinen, ganz so, wie wenn man aus dem fahrenden Zug herausschaut und auf dem Nebengleis ein Zug mit absolut identischer Geschwindigkeit fährt. Auch in diesem Fall würde es aussehen, als würde sich der Zug nicht bewegen. Doch dagegen sprachen Maxwells Theorien zum Elektromagnetismus, also musste es eine andere Erklärung geben, wie Einstein wusste. Sein Gedankenexperiment mit dem Zug, der vom Blitz getroffen wird, hatte ihm auch gezeigt, dass ein Ereignis für unterschiedliche Betrachter unterschiedlich aussehen kann.

Die Fragen, die Einstein in der speziellen Relativitätstheorie aufwarf, waren keineswegs neu, schon andere hatten sich an ihnen versucht, einige wären auch fast zu identischen Schlussfolgerungen gelangt wie Einstein. Was machte den Unterschied aus? Anders als seine Vorgänger war Einstein bereit, vermeintlich unumstößliche

Wahrheiten zu kippen. So trieb er beispielsweise die Arbeit von Henri Poincaré voran. Dieser hatte in den 1880er-Jahren die Existenz des quasi-mystischen Äthers infrage gestellt, durch den sich Lichtstrahlen angeblich fortbewegten. Auch entwickelte er die Arbeiten des niederländischen Physikers Heinrich Lorentz weiter. 1887 hatten Albert Michelson und Edward Morley ein Experiment zur Lichtgeschwindigkeit durchgeführt und Lorentz entwickelte komplexe mathematische Formeln, um das Ergebnis des berühmten Experiments zu erklären. Doch erst Einstein brachte die Vorstellungskraft auf, in ganz neuen Bahnen zu denken. So entstand die spezielle Relativitätstheorie, in der Einstein erklärt, dass die Gesetze der Physik für alle Beobachter identisch sind, die sich zueinander mit konstanter Geschwindigkeit bewegen, und dass in einem Vakuum die Lichtgeschwindigkeit konstant ist. Während in der Welt nach Newton Raum und Zeit absolute Größen waren, zeigte Einstein auf, dass dem nicht so ist.

Für viele war dies der einzige Punkt, der zählte – eine weitere »Gewissheit« des Lebens war zerstört worden. Zu Beginn des 20. Jahrhunderts kämpfte die Welt noch immer mit den Folgen von Darwins Lehren und mühte sich in die ungewohnte Moderne mit ihren radikalen kulturellen Neuerungen und ihrem grundsätzlichen Hinterfragen aller gesellschaftlichen und moralischen Konventionen. Und nun kam auch noch dieser Wissenschaftler daher und erklärte, dass die Art und Weise, wie eine Uhr tickt oder wie sie auf dem Kaminsims steht, nicht so ist, wie es den Anschein hat.

Zwar hatte Einstein den Ruf, »Wahrheiten« zu zerstören, aber das hängt auch davon ab, wie man die Dinge betrachtet. Oder anders gesagt: Es ist alles relativ. Natürlich war er der Autor der Relativitätstheorie und allein das Wort »relativ« beschwört Zweifel und Ungewissheit herauf. Dabei hatte Einstein zunächst beabsichtigt, seine Theorie »Invariantentheorie« zu nennen, denn er beschrieb auch die Unveränderlichkeit grundlegender physikalischer Gesetze. Hätte er diesen Namen durchsetzen können, würde der Name Einstein heute ganz eng mit einem Begriff verbunden sein, der nicht Zweifel, sondern Gewissheit suggeriert. Das hätte auch besser zu Einstein gepasst, denn seine gesamte wissenschaftliche Daseinsberechtigung bestand darin, Regeln und Gesetze zu finden, um zu erklären, warum unsere Welt und das Universum so sind, wie sie sind. Ihm lag nichts daran, die unruhigen Zeiten, die zu Beginn des 20. Jahrhunderts herrschten, noch unruhiger zu machen. Die Moral von der Geschicht': Branding ist alles.

Einstein war niemand, der sich gerne dem Müßiggang ergab, deshalb fand er sogar noch Zeit für eine fünfte Abhandlung, die sich direkt aus der speziellen Relativitätstheorie ergab und im September 1905 in den *Annalen der Physik* unter dem Titel *Ist die Trägheit eines Körpers von seinem Energieinhalt abhängig?* erschien. Dieser Nachtrag war gerade einmal drei Seiten lang, doch seine

Schlussfolgerungen waren aufsehenerregend: Einstein hatte herausgefunden, dass die Masse eines Körpers ein Maß für den Energieinhalt ist. Anders gesagt: Masse und Energie sind unterschiedliche Ausprägungen ein und derselben Sache. Diese Erkenntnis ging mit einer Formel einher, die zur berühmtesten Gleichung der Menschheitsgeschichte werden sollte: $E = mc^2$ (Energie = Masse multipliziert mit der Lichtgeschwindigkeit zum Quadrat). Für den Laien bedeutete dies, dass etwas ganz klein sein und trotzdem eine gewaltige Menge an Energie enthalten konnte. Einstein wusste es damals noch nicht, aber er hatte gerade das Atomzeitalter eingeläutet.

Interessanterweise ist die berühmte Gleichung übrigens gar nicht in dieser Arbeit erschienen. Tatsächlich nämlich schrieb Einstein: »Gibt ein Körper die Energie L in Form von Strahlung ab, so verkleinert sich seine Masse um L/V^2.« L war das Symbol, das er noch einige weitere Jahre für Energie verwenden sollte, und V war seine Abkürzung für die Lichtgeschwindigkeit. Wäre die Gleichung also in dem Format erschienen, wie es uns allen heute geläufig ist, hätte sie gelautet: $L = mV^2$.

Als Ergebnis einer mehrere Jahrzehnte umspannenden Karriere wären die aufgezählten Werke schon sehr außergewöhnlich gewesen, aber all das wurde innerhalb eines einzigen Jahres veröffentlicht. Einstein gelang es also, diese Vielfalt unterschiedlicher Themen praktisch zeitgleich zu verarbeiten und entstehende Probleme zu lösen. Eine nahezu unbegreifliche Leistung.

Lesen wie Einstein

Lesen Sie keine Zeitung, suchen Sie sich ein paar
Gesinnungsgenossen und lesen Sie die wunderbaren
Schriftsteller früherer Zeiten, Kant, Goethe,
Lessing und die Klassiker des Auslands.

ALBERT EINSTEIN, 1933

Einsteins Haltung zum Lesen veränderte sich mehrfach im Laufe seines Lebens. Manchmal verschlang er seinen Lesestoff geradezu. Die Akademie Olympia beispielsweise konsumierte Bücher unterschiedlichster Genre mit großer Gier. Über die literarische Kunstform sagte er 1920: »Ich persönlich empfinde den Höchstgrad des Glücksgefühls bei großen Kunstwerken. Aus ihnen schöpfe ich Geistesgüter beglückender Art von einer solchen Stärke, wie ich sie aus anderen Bereichen nicht zu gewinnen vermöchte.«

Zu anderen Zeiten dagegen vertrat er die Ansicht, es sei Verschwendung, zu viel Energie für das Lesen aufzuwenden. So sagte er George Sylvester Viereck 1929:

Ab einem bestimmten Alter lenkt das Lesen den Geist zu sehr von kreativen Tätigkeiten ab. Wer zu viel liest und sein eigenes Gehirn zu wenig anstrengt, gewöhnt sich beim Denken Faulheit an – ganz genauso, wie der Mann, der zu viel Zeit im Theater verbringt, versucht ist, sich damit zu begnügen, sein Leben indirekt zu leben, anstatt sein eigenes Leben zu führen.

Man sollte dabei allerdings nicht außer Acht lassen, dass Einstein zum damaligen Zeitpunkt steigendes Interesse an der Politik zeigte und seine wissenschaftliche Produktivität gleichzeitig geringer ausfiel. Aus diesem Blickwinkel ist es verständlich, dass er Lesen als Ablenkung von dem empfand, was er wirklich tun wollte. Betrachtet man jedoch Einsteins ganzes Leben, steht es außer Frage, dass er ein begeisterter Leser mit Interesse an einem breiten Themenspektrum war.

Was die »große Literatur« anbelangte, umspannte sein Interesse die Jahrhunderte vom Altertum bis zur Moderne. Zu seinen Favoriten von den alten Griechen zählte *Antigone* von Sophokles, was eigentlich nicht überrascht, wenn man einige der Themen bedenkt, die diese Tragödie behandelt: Den Kampf zwischen dem Einzelnen und dem Staat oder auch das Nachsinnen über die Naturgesetze.

Ebenso verliebte er sich in *Don Quijote*, Miguel de Cervantes' Klassiker aus dem 17. Jahrhundert. Das Werk sprach sowohl seinen Sinn für Humor als auch fürs Tragische an. Und als Einstein älter wurde und sich immer wieder im Clinch mit vielen der vorherrschenden wissenschaftlichen Trends wiederfand, mag ihm vielleicht auch das Anreiten gegen Windmühlen in den Sinn gekommen sein.

Aus seiner deutschen Heimat schätzte er niemanden so sehr wie Johann Wolfgang von Goethe und Gotthold Ephraim Lessing. Als Jugendlicher begann Einstein mit seinem Studium der Arbeit Goethes. Von keinem anderen Autoren besaß Einstein ähnlich viele Bücher, wie von dem großen deutschen Dichter, Dramatiker, Romancier, Memoirenschreiber, Kritiker und Wissenschaftsautor.

Über Lessing, diesen Vorkämpfer für Gedankenfreiheit und die Macht des rationalen Denkens, schrieb Einstein: »Jedermann steht frei, wohin sein Streben ihn führen soll. Und jedermann mag Trost finden in Lessings schönem Ausspruch, die Suche nach der Wahrheit sei kostbarer als ihr Besitz.« Einstein bewunderte zudem Heinrich Heine, den berühmten Romantiker und Essayisten. Seine radikale politische Haltung zwang den Juden Heine letztlich ins Exil, aber er hinterließ das berühmte Zitat: »Das war ein Vorspiel nur, dort wo man Bücher verbrennt, verbrennt man am Ende auch Menschen.« Heute ist dieser Ausspruch auf vielen Mahnmalen und Gedenkstätten zu finden ist.

Von seinen Zeitgenossen verspürte Einstein eine natürliche Verbundenheit mit den großen russischen Autoren Leo Tolstoi und Fjodor Dostojewski (auch wenn hier der Begriff »Zeitgenosse« recht locker ausgelegt ist, denn Dostojewski starb kurz vor Einsteins zweitem Geburtstag). 1935 sagte er über Tolstoi, dieser sei »in vielerlei Hinsicht der führende Prophet unserer Zeit«. Es gebe niemanden, der über Tolstois weitreichendes Verständnis und dessen moralische Kraft verfüge, so Einstein weiter. Und *Die Brüder Karamasow*, Dostojewskis letztes Werk, nannte er gegenüber seinem Freund Heinrich Zangger 1920 »das Wunderbarste, was ich bisher in der Hand hatte.«

Zu Einsteins Freunden gehörten zwei Nobelpreisträger für Literatur – Raindranath Tagore und George Bernard Shaw. Den Iren Shaw lernte er 1921 auf einem privaten Diner kennen und verstand sich blendend mit ihm. Shaw bewunderte an Einstein die Art und Weise, wie dieser den »selbstgefälligen Glauben an die Unfehlbarkeit der Wissenschaft«, so Shaw, zu Fall gebracht hatte. In einer Rede sagte Shaw 1930, es habe in den vergangenen 2500 Jahren acht »Schöpfer von Universen« gegeben und einer davon sei Einstein – zu der illustren Gesellschaft zählte Shaw ansonsten Pythagoras, Ptolemäus, Kepler, Kopernikus, Aristoteles, Galilei und Newton. Und die Wertschätzung war keineswegs einseitig: Für Einstein war Shaw »eine der größten Persönlichkeiten dieser Welt« und seine Stücke »erinnern mich an Mozart«.

Durchaus vertraut war Einstein auch mit der Philosophie. Er hatte Immanuel Kant gelesen, zum Beispiel dessen Werke *Kritik der reinen Vernunft* von 1781 und *Prolegomena* von 1783. In diesen Werken befasst sich Kant mit fundamentalen Fragen: Was wissen wir und wie wissen wir es? Er untersucht, wie unser Wissen von unserem Geist und unseren Sinnen konditioniert wird, und betrachtet, mit welchen Prozessen durch Beobachtung und Logik Wissen generiert werden kann.

Ebenfalls wichtig war *Ein Traktat über die menschliche Natur* (1739) von David Hume. Der schottische Philosoph argumentiert hier, dass sich Wissen nur durch sinnliche Wahrnehmung beweisen lässt, und ebnet damit den Weg für den Positivismus. Kurz bevor er seine Relativitätstheorie aufstellte, hat Einstein nach eigenem Bekunden »begierig und voller Bewunderung« Hume gelesen. Als junger Mann las er zudem *System der deduktiven und induktiven Logik* (1843) von John Stuart Mill. Das Werk befasst sich unter anderem mit der induktiven Logik und einer Analyse der Kausalität und hatte ganz offensichtlich Einfluss auf Einsteins eigene Methoden. Und dann gab es noch Baruch de Spinoza. Der niederländische Philosoph beeinflusste vor allem Einsteins Haltung gegenüber der Religion, aber diesem Thema wenden wir uns später zu.

Wissenschaftliche Literatur

Als Student ließ Einstein gerne mal die eine oder andere Vorlesung ausfallen, damit er Zeit hatte für die »Meister der theoretischen Physik«, wie er sie nannte. Es ist natürlich völlig unmöglich, sämtliche Autoren aufzuführen, die ihn im Laufe seines Lebens beeinflusst haben, aber hier ist eine kurze Auswahl der Autoren und der Werke, von denen wir wissen, dass er sie vor 1905, also vor dem *annus mirabilis*, gelesen hat.

Aaron Bernstein (1812–1884). Der junge Einstein hat die *Naturwissenschaftlichen Volksbücher* des deutschen Juden verschlungen. Es heißt, eine Geschichte Bernsteins hat Einstein zu dem Gedankenexperiment inspiriert, bei dem er auf einem Lichtstrahl reitet.

Ludwig Boltzmann (1844–1906). Leistete bahnbrechende Arbeit in den Feldern Elektromagnetismus und Thermodynamik. Am berühmtesten ist seine Arbeit an Statistischer Mechanik, bei der er die Erkenntnisse von James Clerk Maxwell weiterführte. Bei der Statistischen Mechanik werden physikalische Phänomene beschrieben, indem man das Verhalten großer Mengen an Atomen und Molekülen statistisch untersucht. Der unter Depressionen leidende Boltzmann beging 1906 Selbstmord.

Paul Drude (1863–1906). Machte sich einen Namen, indem er den Fachbereich Optik mit James Clerk Maxwells Theorien zum Elektromagnetismus kombinierte. 1900 veröffentlichte er sein *Lehrbuch der Optik*, das sich mit dem Transport von Elektronen in festen Stoffen und vor allem in Metallen befasst. Auf dem Höhepunkt seiner Laufbahn beging auch er 1906 Selbstmord.

Pierre Duhem (1861–1916). Duhem war führend in den Feldern Elastizität, Hydrodynamik und Thermodynamik. Für Einstein vermutlich von noch größerer Bedeutung waren dessen Schriften zur Wissenschaftsphilosophie und vor allem zur Beziehung zwischen Theorie und Experiment.

Euklid (vermutlich drittes Jahrhundert vor Christus). Der griechische Mathematiker bestimmte mit *Die Elemente* die Grundregeln der Geometrie, wie wir sie bis heute kennen, und befasste sich mit weiteren Aspekten der Mathematik. Für Einstein, der bereits mit 12 Jahren ein Exemplar des Buchs erhielt, war es »die heilige Schrift der Geometrie«.

Michael Faraday (1791–1867). Englischer Erfinder und Pionier im Bereich von Elektromagnetismus und Elektrochemie. Neben den Bildern von Newton und Maxwell an Einsteins Wand hing zudem eines von Faraday. Dessen wichtigste Werke sind die mehrbändigen *Experimental-Untersuchungen über Elektrizität*, *Experimental-Untersuchungen über Chemie und Physik* und *Die Kräfte der Natur*.

August Föppl (1854–1924). Der Professor der TU München schrieb 1894 die *Einführung in die Maxwellsche*

Theorie der Elektrizität. Einsteins Theorien zur Relativität wurden durch dieses Werk stark beeinflusst.

Galileo Galilei (1564–1642). Der italienische Forscher leistete revolutionäre Arbeit und zählt zu Einsteins Helden. Einstein war mit dessen Werk vertraut und hat unter anderem die Schriften zur Bewegung, zur Mechanik und zu schwimmenden Körpern gelesen.

Hermann von Helmholtz (1821–1894). Physiker und Wissenschaftsphilosoph, der sich unter anderem mit nicht-euklidischen Geometrien, Feldtheorie und Energieunterhaltung befasste. In seinen Schriften erörtert er auch Fragen der Beziehung zwischen Theorie und Experiment. Zu den wichtigsten Werken gehören *Über die Erhaltung der Kraft* (1847) und die Sammlung *Populäre wissenschaftliche Vorträge* (1885).

Heinrich Hertz (1857–1894). Der Hamburger Physiker bewies in Experimenten die Gültigkeit der Maxwellschen Theorie zu Elektromagnetismus. Er starb aufgrund eines zweijährigen Leidens an Wegener-Granulomatose bereits im Alter von 36 Jahren. Seine Werke wurden in drei Bänden gesammelt und 1894 und 1895 veröffentlicht: *Schriften vermischten Inhalts, Untersuchungen über die Ausbreitung der elektrischen Kraft und Die Prinzipien der Mechanik*.

Gustav Kirchhoff (1824–1887). Der in Königsberg geborene Physiker trug entscheidend zur Theorie der Spektralanalyse bei. Er formulierte mehrere Gesetze zur Elektrizität und entdeckte, dass Stromwellen mit Lichtgeschwindigkeit durch einen Draht fließen. Seine *Vorlesungen über mathematische Physik* stießen bei Einstein auf großen Anklang.

Hendrik Antoon Lorentz (1853–1928). Der niederländische Physiker erhielt 1902 gemeinsam mit Pieter Zeeman den Nobelpreis für Physik für die »Untersuchungen über den Einfluss des Magnetismus auf die Strahlungsphänomene«. 1895 schrieb Lorentz *Versuch einer Theorie der electrischen und optischen Erscheinungen in bewegten Körpern* und sollte damit zentralen Einfluss auf Einsteins Arbeit an der speziellen Relativitätstheorie haben. Die beiden Männer wurden Kollegen und enge Freunde. Lorentz half Einstein bei mathematischen Fragen, die für die allgemeine Relativitätstheorie nötig waren.

Ernst Mach (1838–1916). Zu den Veröffentlichungen des österreichischen Physikers und Philosophen zählen *Die Mechanik in ihrer Entwicklung* (1883) und *Die Analyse der Empfindungen und das Verhältnis des Physischen zum Psychischen* (1897). Ebenso wie Einstein war auch Mach ein Freigeist und politischer Idealist. Seine Kritik an der universellen Gültigkeit der Newtonschen Mechanik hatte starken Einfluss auf den jungen Einstein.

James Clerk Maxwell (1831–1879). Der schottische Physiker ist vor allem für seine bahnbrechende Arbeit im Feld des Elektromagnetismus berühmt. Einstein wurde sehr stark beeinflusst durch Werke wie *Dynamische Theorie des magnetischen Felds* (1864) und *Methode direkter Vergleichung der elektrostatischen mit der elektromagnetischen Kraft* (1865). »Die Arbeit von James Clerk Maxwell veränderte die Welt auf ewig«, sollte Einstein ihm später allerhöchstes Lob zollen.

Isaac Newton (1643–1727). Bevor es Einstein gab, gab es Newton. In *Philosophiæ Naturalis Principia Mathematica (Mathematische Prinzipien der Naturphilosophie)* veröffentlichte er 1687 die Grundgesetze der Bewegung und das Gesetz der Schwerkraft. Sie sollten fast 250 Jahre lang das Fundament der Wissenschaft bilden.

Karl Pearson (1857–1936). Der britische Mathematiker verhalf der Statistik zum Durchbruch. Sein Werk *The Grammar of Science* (1892) war angeblich das erste Werk, mit dem sich die Akademie Olympia auseinandersetzte. Darin führt Pearson einige der wissenschaftlichen Themen ein, die Einstein den Rest seiner Laufbahn über begleiten sollten.

Max Planck (1858–1947). Die Laufbahn des in Kiel geborenen theoretischen Physikers war eng mit der von Einstein verbunden. Planck war ein Anhänger von Einsteins Schaffen und obwohl sie stark unterschiedliche Auffassungen zur Quantenmechanik hatten, arbeiteten sie sehr eng zusammen. In seiner speziellen Relativitätstheorie entwickelt Einstein

Plancks Ideen weiter, die dieser in Schriften wie *Das Prinzip von der Erhaltung der Energie* (1887) und *Zur Theorie des Gesetzes der Energieverteilung im Normalspektrum* (1900) vorgestellt hatte.

Henri Poincaré (1854–1912). Der französische Universalgelehrte hätte nach Ansicht vieler mehr Ruhm verdient, weil er mehrere Elemente der speziellen Relativitätstheorie vorwegnahm. Einstein hat *Wissenschaft und Hypothese*, Poincarés Werk von 1902, sehr bewundert. In dieser philosophischen Abhandlung befasst sich Poincaré mit dem Wesen der Wissenschaft und dem Ausarbeiten einer Theorie.

Tauchen Sie ein

Die angestrengte geistige Arbeit & das Anschauen
Gottes Natur sind die Engel, welche mich versöhnend,
stärkend und doch unerbittlich streng
durch die Wirren dieses Lebens führen werden.

ALBERT EINSTEIN, 1897
an Pauline Winteler

Einsteins brillanter Geist war gepaart mit einer herausragenden Arbeitseinstellung. Selbst wenige Stunden vor seinem Tod kritzelte er noch Gleichungen in einen alten Notizblock. Genialität bestehe zu einem Prozent aus Inspiration und 99 Prozent Schweiß, hat Thomas Edison einst erklärt.

1927 fasste Einstein seine Haltung in Sachen Selbstaufopferung so zusammen: »Was nichts kostet, ist nichts wert.« 1954 hatte er sein Argument noch verfeinert, als er seinem Sohn Hans Albert erklärte, mit ihm einen wesentlichen Charakterzug gemein zu haben, nämlich »die Fähigkeit, über die nackte Existenz hinauszuwachsen, indem man sein eigenes Ich die Jahre über einem unpersönlichen Ziel unterordnet«. Aber wie wir sehen werden, war seine Hingabe an die Arbeit nicht völlig selbstlos und ging gelegentlich zu Lasten anderer. Auf jemanden, der ihn nicht näher kannte, konnte Einstein reserviert und gleichgültig erscheinen und seit seiner Kindheit hing ihm der Ruf an, ichbezogen zu sein.

Was außer Frage steht: Die Arbeit war für Einstein auch ein Weg, unbequemen persönlichen Situationen aus dem Weg zu gehen. Während 1913 seine Ehe scheiterte, sagte er: »Kein Wunder, wenn unter diesen Umständen die Liebe zur Wissenschaft gedeiht, die mich aus dem Jammertal emporhebt in ruhige Sphären, unpersönlich und ohne Schimpfen und Jammern.« Es ist ein faszinierender Gedanke, dass das Formulieren der allgemeinen Relativitätstheorie Einstein eine Form emotionaler Lösung bot.

Doch spurenlos ging das viele Arbeiten nicht an Einstein vorbei. Er war niemand, der sich in seinem Büro einschloss, die Füße auf den Schreibtisch legte und auf die zündende Idee wartete. Sein Arbeitsumfeld war schlicht, aber chaotisch mit Papierstapeln auf dem Schreibtisch und allen anderen zur Verfügung stehenden Oberflächen. Immer an seiner Seite stand ein Abfalleimer für »all meine Fehler«. Brannte ihm ein Gedanke unter den Nägeln, schritt er meist auf und ab, wobei er immer wieder vergaß, regelmäßig zu essen und zu trinken – ein Umstand, der seiner Gesundheit stark zusetzen sollte.

Und auch wenn man sich Einstein an der Universität gerne als jemanden vorstellen möchte, der tut und lässt, was er will, war er doch jemand, der sich sehr ins Zeug legte. Seine ganze berufliche Laufbahn über steckte er immer wieder in Teufelskreisen aus Erschöpfung und Enttäuschung, die nur gelegentlich von Triumphen durchbrochen wurden. Aber es war seine eigene vorsätzliche Entscheidung, so zu leben, denn er fand viel Befriedigung darin – und sah es möglicherweise auch als seine Pflicht an –, diese Gipfel zu erklimmen. Glück bestand für Einstein offenbar weniger in einem befriedigenden Privatleben oder der Anhäufung materieller Reichtümer, wiewohl er beides durchaus zu schätzen wusste, sondern vielmehr darin, Intellektuelles zu leisten. »Wenn du ein glückliches Leben willst, verbinde es mit einem Ziel, nicht mit Menschen oder Dingen«, empfahl Einstein seinem ehemaligen Assistenten Ernst Straus.

Ab den späten 1910er-Jahren brach die Berühmtheit über Einstein herein. Sein Verhältnis zu diesem Thema war durchaus gespalten, aber es brachte ihn immer wieder auf, inwieweit sein Ruhm ihn in seiner theoretischen Arbeit einschränkte. Als er heranwuchs, habe Einstein nur einen Wunsch gehabt, so sein Kollege und Biograf Banesh Hoffmann: Er habe still in der Ecke sitzen und fernab des Rampenlichts seiner Arbeit nachgehen wollen. »Und was ist nun aus mir geworden!«, rief er angeblich einmal aus. Es war ein Thema, das ihn nicht los ließ und mit dem er sich wieder und wieder befasste. 1933 sprach er in London davon, wie die »Monotonie eines ruhigen Lebens« zum Nachdenken anrege, bei einer anderen Gelegenheit erklärte er, der perfekte Beruf für einen theoretischen Wissenschaftler sei der Posten eines Leuchtturmwärters. Für Einstein war die Forschung offensichtlich eine einsame und glanzlose Beschäftigung, für die völlige Konzentration nötig war.

Aber trotz alledem machte die Freude, die er aus seiner Arbeit bezog, für ihn alles wett. Seinem Sohn Hans Albert schrieb er einmal, damals schon weit in den Fünfzigern: »Einzig die Arbeit gibt dem Leben Substanz!«

Vernachlässigen Sie nicht
Ihr persönliches Umfeld

Ich bin ein richtiger »Einspänner«, der dem Staat,
der Heimat, dem Freundeskreis, ja, selbst der engeren
Familie nie mit ganzem Herzen angehört hat, sondern
all diesen Bindungen gegenüber ein nie sich legendes
Gefühl der Fremdheit und des Bedürfnisses
nach Einsamkeit empfunden hat.

ALBERT EINSTEIN
in *Wie ich die Welt sehe*, 1931

Mit Leib und Seele verschrieb sich Einstein seiner Arbeit und das über weite Teile seines Lebens. Für die Menschheit war es natürlich ein Gewinn, aber sein engstes Umfeld hatte da eine ganz andere Meinung.

Ein totaler Einzelgänger war Einstein dabei keineswegs. Als Kind stand er seiner Familie nahe, er war zwei Mal verheiratet, hatte mehrere Kinder, zahlreiche Affären und einen großen Freundes- und Bekanntenkreis. Einige Menschen aus seinem Umfeld wussten nie so genau, was sie von ihm halten sollten, doch viele lobten ihn in höchsten Tönen und erwiesen ihm ein großes Maß an Loyalität. Und trotzdem – vielleicht am besten beschrieb ihn einer von Einsteins guten Freunden und regelmäßigen intellektuellen Sparringspartnern: »Aller Herzensgüte, Geselligkeit und Liebe zur Menschheit zum Trotz war er dennoch völlig aus seiner Umwelt und den darin befindlichen menschlichen Wesen losgelöst«, so Max Born.

Vielleicht war das übertrieben, aber höchstens ein wenig. Der Blick auf Einsteins Leben zeigt, wie großartig er darin war, ein anständiger Freund zu sein, und wie schwer es ihm fiel, eine vernünftige Beziehung zu führen, wenn die emotionalen Anforderungen seines Gegenübers an ihn wuchsen. So konnte Einstein eine bewundernswert enge Beziehung zum ebenfalls mit dem Nobelpreis ausgezeichneten Physiker Hendrik Lorentz aufbauen, während er gleichzeitig das Verhältnis zu seinen Ehefrauen und Kindern in den Sand setzte.

»Ich bewundere diesen Mann wie keinen anderen, ich möchte sagen, ich liebe ihn«, sagte Einstein über Lorentz, den Mann, der über Jahre hinweg die Rolle des Ersatzvaters für ihn eingenommen hat. »Persönlich bedeutete er mir mehr als sonst jemand, den ich im Laufe meines Lebens kennengelernt habe«, erklärte Einstein im hohen Alter.

Das Verhältnis von Einsteins jüngerem Sohn Eduard zu seinem Vater war da deutlich komplizierter. Eine schwere geistige Krankheit erleichterte die Dinge nicht gerade. Eduard sagte einmal: »Manchmal ist es schwierig, einen dermaßen bedeutenden Vater zu haben, weil man sich selbst so unbedeutend fühlt.« Ein uneingeschränktes Lob für Einsteins Fähigkeiten als Vater klingt gewiss anders.

Was genau also war das Problem? Man kann wohl guten Gewissens behaupten, dass Einsteins Geist eher für wissenschaftliche Analysen ausgelegt war als für Empathie. Er neigte leider schon seit frühester Kindheit dazu, seinen Mitmenschen auf die Füße zu treten. Als er 1895 bei den Wintelers in Aarau lebte, verliebte sich der 16-jährige Albert in Marie, die 18-jährige Tochter des Hauses. Im Jahr darauf zog er nach Zürich, um sein Studium fortzusetzen, und stellte fest, dass mit der Entfernung die Leidenschaft für sie erlahmte – was ihn aber nicht daran hinderte, ihr weiterhin seine Schmutzwäsche zu schicken. Marie dagegen war noch immer für Albert entflammt und ihre Gefühle nahmen sogar zu. Letztlich verabschiedete sich Albert aus der Beziehung auf sehr unschöne Weise: Zunächst stellte er den Schriftverkehr ein, dann verweigerte er die Besuche. Mit dieser derben und sicherlich unnötig gemeinen Methode stürzte er das arme Mädchen in eine Depression.

Einstein war sich sehr wohl bewusst, dass er ein Problem mit engen emotionalen Bindungen hatte. 1917 schrieb er seinem Freund Heinrich Zangger, der auch im laufenden Zwist zwischen Albert und dessen erster Frau Mileva als Mittler fungierte: »Ich habe die Wandelbarkeit aller menschlichen Beziehungen kennengelernt, sodass das Temperaturgleichgewicht ziemlich gesichert ist.« Das klingt weniger nach Temperaturgleichgewicht als vielmehr nach Kaltblütigkeit. Zum damaligen Zeitpunkt lebte er bereits getrennt von Mileva und hatte das Gefühl, er werde nie wieder die Gelegenheit fahren lassen, allein zu leben, denn dies habe sich als »unbeschreiblicher Segen« erwiesen.

Und dann war da natürlich auch noch sein Arbeitseifer, der, wie wir gesehen haben, kaum Platz für anderes ließ. 1897 schrieb er Pauline Winteler, wie die »angestrengte geistige Arbeit & das Anschauen Gottes Natur« die Engel seien, die »mich versöhnend, stärkend und doch unerbittlich streng durch die Wirren dieses Lebens führen werden«. Anschließend räumte er ein: »In mancher klaren Stunde komme ich mir vor wie der Vogel Strauß, welcher seinen Kopf in den Wüstensand steckt, um die Gefahr nicht zu sehen.« Schon damals also nutzte er die Arbeit gerne, um emotionalen Bindungen aus dem Weg zu gehen. Und bei anderer Gelegenheit schrieb er: »Ich ähnele einem weitsichtigen Mann, der sich vom gewaltigen Horizont verzaubern lässt und nur dann ein Auge für den Vordergrund hat, wenn ihm undurchsichtiges Objekt den Blick versperrt.« Scheinbar war ihm erstaunlich deutlich bewusst, wie er sich hinter seiner Leidenschaft für die Physik vor seinem Privatleben versteckte.

Mit diesem Thema befasste sich Einstein auch, als er 1918 eine Rede zum 60. Geburtstag von Max Planck hielt: »Eines der stärksten Motive, die zur Kunst und Wissenschaft führen, ist die Flucht aus dem Alltagsleben mit seiner schmerzlichen Rauheit und trostlosen Öde.« Und weiter:

Der Mensch sucht in ihm irgendwie adäquater Weise ein ver-einfachtes und übersichtliches Bild der Welt zu gestalten … In dieses Bild und seine Gestaltung verlegt er den Schwerpunkt seines Gefühlslebens, um so Ruhe und Festigkeit zu suchen, die er im allzu engen Kreis des wirbelnden und persönlichen Erlebens nicht finden kann.

Was Einsteins emotionale Mängel anbelangt, hatten andere ihre eigenen Theorien. Leopold Infeld beispielsweise schrieb: »Ich kenne niemanden, der so einsam und distanziert ist wie Einstein … Niemals blutet sein Herz und er schreitet mit sanftem Vergnügen und emotionaler Gleichgültigkeit durchs Leben. Seine ausgesprochene Freundlichkeit und sein Anstand sind durch und durch unpersönlich und scheinen von einem anderen Planeten zu stammen.«

Als sich Einsteins Leben dem Ende näherte, lebten seine Sekretärin Helen Dukas, seine geliebte Schwester Maja und seine Stieftochter Margot mehr oder weniger ständig bei ihm. Vor allem die beiden letzteren Damen legten offenbar deutlich mehr Wert darauf, Zeit mit Einstein zu verbringen als mit ihren eigenen Ehemännern. Ganz offensichtlich war ein Zusammenleben mit ihm also durchaus denkbar und vielleicht machte sich bei ihm auch etwas Altersmilde bemerkbar. Andererseits muss man natürlich auch sehen, dass es sich hier um Beziehungen handelte, in denen nicht allzu viel von ihm erwartet wurde. So musste er beispielsweise nicht die Rolle einer emotionalen Stütze übernehmen, wie man es von einem Ehepartner erwarten würde.

In seinem Essay *Warum Sozialismus?* schrieb Einstein 1949: »Der Mensch ist gleichzeitig ein Einzel- und ein Sozialwesen.« In seinem Fall traf das definitiv zu.

Seien Sie ein besserer Ehemann

Ehe ist Sklaverei in einem kulturellen Gewande.

ALBERT EINSTEIN

Teil 1: Mileva Marić

Für die Institution Ehe war Einstein schlichtweg ungeeignet, aber das hielt ihn trotzdem nicht davon ab, es gleich zweimal zu versuchen. Für beide Ehefrauen war es keine leichte Zeit, wobei Ehefrau Nummer eins noch schlimmer dran war. Einsteins Umgang mit seinen Gattinnen zeigt nicht nur, zu welch großer emotionaler Distanz er imstande war, sondern lässt auch auf einen Mann schließen, der gegenüber den Menschen besonders rücksichtslos war, für die er die meiste Fürsorge hätte aufbringen sollen. Dass der Rest der Welt ihn als Person von großer Menschlichkeit sah, ändert daran nichts.

Nachdem er das Kapitel Marie Winteler ziemlich barsch abgewürgt hatte, verlor er sein Herz als nächstes an eine Kommilitonin am Züricher Polytechnikum: Mileva Marić. Sie wurde 1875 in der Vojvodina geboren. Die Gegend war damals ein Teil von Österreich-Ungarn und gehört heute zu Serbien. Mileva erwies sich als ziemlich heller Kopf. Ihr Vater war ein Bauer und Soldat, der es zu etwas gebracht hatte. Die junge Mileva tat sich vor allem im naturwissenschaftlichen Bereich hervor und schloss 1894 am normalerweise rein männlichen Obergymnasium in Zagreb als Klassenbeste ab. In Zürich war sie in ihrem Jahrgang die einzige Physikstudentin.

Einstein und sie verstanden sich auf Anhieb prächtig, auch wenn sie für Außenstehende wie ein ungewöhnliches Duo wirkten. Mileva war gesundheitlich sehr anfällig, litt an Tuberkulose und humpelte aufgrund eines Hüftleidens sehr stark. Dieser unglückliche Umstand führte häufig zu einer trübsinnigen Stimmung. Einstein dagegen war attraktiv und hatte unter den Mädchen praktisch freie Wahl. Doch hier trafen sich zwei geistig Ebenbürtige und es entwickelte sich eine langsam lodernde Liebesbeziehung, die auf gegenseitiger intellektueller Bewunderung basierte.

Richtig ins Rollen kamen die Dinge, als Mileva von ei-

nem Gastsemester an der Uni Heidelberg zurückkehrte. Nach ersten vorsichtigen Flirts steckten die beiden schon bald in einer intensiven Affäre inklusive di-
verser Hochs und Tiefs. Ablesen lässt sich das an ihrer
leidenschaftlichen Korrespondenz. Dort werden im einen Moment noch pubertäre Liebeserklärungen ausgetauscht – ganz besonders von Einstein: »… ohne dich
ist mein Leben kein Leben« –, während im nächsten
Brief beinahe komisch anmutende Banalitäten folgen:
»Wir verstehen uns gegenseitig so gut auf unsre schwarzen Seelen & daneben aufs Kaffeetrinken & Würsteles-
sen etc.«. Zumindest für Einstein dürfte von entschei-
dender Bedeutung gewesen sein, dass die Beziehung
sich nicht als Hindernis für seine wissenschaftlichen
Untersuchungen erwies, sondern vielmehr Gelegenheit
bot, diese voranzutreiben. Mileva war vielleicht nicht
die »Schönheit«, die nach Auffassung einiger Freunde
Einsteins besser zu ihm gepasst hätte, aber sie konnte –
zumindest teilweise – mit seinem Geist Schritt halten.
In einem Brief beispielsweise verleiht Einstein ausführlich seiner Freude auf das bevorstehende Wiedersehen
Ausdruck, um seinen Brief dann auf unvergessliche
Weise zu beenden: »Und dann fangen wir gleich mit
Helmholtz' elektromagnetischer Lichttheorie an.«
Mileva strebte eigentlich eine eigene akademische Karriere an, aber 1900 fiel sie durch die Prüfung und 1901
erneut. Damals war sie bereits schwanger und brachte
die gemeinsame Tochter Anfang 1902 in Novi Sad zur

Welt. Einstein schwor, er werde sich um sie alle kümmern: »Meine wissenschaftlichen Ziele und meine persönliche Eitelkeit werden mich nicht davon abhalten, die untergeordnetste Rolle anzunehmen«, beteuerte er. Heiraten wollte er Mileva allerdings nicht. Die Beziehung zeigte die ersten Risse.

Die Tochter bekam den Namen Lieserl, aber was mit ihr geschah, ist bis heute ein großes Rätsel. Einstein hatte zum damaligen Zeitpunkt zur Vaterschaft ein gespaltenes Verhältnis. Kurz nach Lieserls Geburt schrieb er Mileva, die damals in einem anderen Land lebte als er: »Ich hab es so lieb & kenns doch gar nicht.« Andererseits machte er sich auch nicht stehenden Fußes auf nach Serbien und es spricht auch nichts dafür, dass seine Freunde oder Familie von dem Kind erfahren hatten. Einstein wusste, dass seine Eltern eine Hochzeit nicht gutheißen würden, da sie nicht viel von Mileva hielten. (Ironischerweise sollte Einstein wiederum seinen Sohn Hans Albert heftigst kritisieren, als dieser sich Jahrzehnte später eine ältere Partnerin suchte.) Als Mileva zu Einstein in die Schweiz zurückkehrte, war sie allein, Lieserl hatte sie in der Heimat gelassen. Es gibt Spekulationen, denen zufolge das Kind 1903 an Scharlach gestorben ist, möglicherweise wurde sie auch zur Adoption freigegeben. In jedem Fall hat Einstein nie wieder Bezug genommen auf seine erste Tochter, was dafür spricht, dass es für alle Beteiligten eine besonders traurige und dunkle Episode war.

Ihre Beziehung stand zwar bereits auf der Kippe, dennoch heirateten Albert und Mileva Anfang 1903 endlich. Als Gäste waren Mitglieder der Akademie Olympia anwesend, aber bezeichnenderweise fehlte die Familie Einstein komplett. Mileva trauerte zwar noch immer darum, dass Lieserl aus ihrem Leben verschwunden war, aber dennoch wurde sie ein Jahr später erneut schwanger, was zumindest ihren Gatten offenbar sehr erfreute. Jedenfalls begrüßte er die Nachricht mit der ungewöhnlichen Bemerkung: »… habe mich schon besonnen, ob ich nicht dafür sorgen soll, dass du ein neues Lieserl kriegst.« Auch wenn wir nicht wissen, was tatsächlich mit Lieserl geschah, ist die Haltung Einsteins, die sich aus diesen Worten ablesen lässt, beunruhigend.

1904 kam Hans Albert Einstein zur Welt, kurz vor Einsteins unglaublichem kreativen Schub, der auch zur speziellen Relativitätstheorie führte. Seit Langem streiten die Experten in der Frage, welche Rolle Mileva im *annus mirabilis* spielte. Zweifelsohne war sie eine begabte Physikerin und Mathematikerin und man kann davon ausgehen, dass Einstein seine Ideen mit ihr teilte und dass sie ihm bei der Verarbeitung von Daten zur Hand ging. Einige Historiker glauben allerdings, Mileva sei eine Art »graue Eminenz« gewesen und habe sogar zentrale Ideen beigesteuert, weshalb sie auch als Mitschöpferin der Theorie gelten solle. Für diese Vermutung gibt es jedoch nur wenige handfeste Indizien. Etwas anderes dagegen ist weniger strittig: Es schmerzte Mileva mit anzusehen, wie ihr Mann gewaltig Karriere machte, während ihre eigene berufliche Entwicklung vorüber war.

1909 steckte die Ehe in einer schweren Krise. Einstein fühlte sich gefangen und behandelte Mileva immer herablassender. Erschwerend kam hinzu, dass er von Natur aus gerne flirtete, während Mileva von Natur aus eifersüchtig war. Eine unglückliche Mischung und es half auch nicht, dass Einstein so grausam war, zu behaupten, Milevas Eifersucht beruhe auf ihrer »ungewöhnlichen Hässlichkeit«. Mehrere Jahrzehnte später sagte er dem Architekten Konrad Wachsmann: »Die Ehe führt dazu, dass sich die Menschen gegenseitig wie Sachen behandeln und nicht länger als freie menschliche Wesen.«

Dennoch fanden sich Zeit und Gelegenheit für eine weitere Schwangerschaft. 1910 kam Eduard zur Welt und allen Berichten zufolge war Einstein seinen Jungs in ihrer frühesten Kindheit ein guter Vater. Später allerdings verschlechterte sich ihr Verhältnis. Nachdem die Familie aus beruflichen Gründen kreuz und quer durch Europa gezogen war, kehrte sie 1912 nach Zürich zurück und bezog dort ein großes, vornehmes Apartment. Jetzt waren sie umgeben von ihren alten Freunden und konnten ein geregelteres Leben führen. Es hätte eine Zeit des Glücks für die Einsteins sein sollen, aber tatsächlich fiel ihre Beziehung nun in sich zusammen wie ein Kartenhaus.

Bei einem Besuch in Berlin traf Einstein in jenem Jahr

seine ältere Cousine Elsa wieder. Als Kinder hatten die beiden häufig miteinander gespielt, wenn Elsas Familie die Einsteins in München besuchte. Die Tage kindlicher Unschuld waren längst vergangen, deshalb war das, was zwischen den beiden entbrannte, ein gefährlicher Flirt – aber auch erst, nachdem Einstein zunächst Elsas Schwester schöne Augen gemacht hatte. Nach einer Verschnaufpause nahm die Beziehung 1913 wieder Fahrt auf. Einstein, nicht immer ein großer Charmeur, sandte ihr ein Schreiben, in dem es hieß: »Ich würde etwas drum geben, wenn ich einige Tage mit Dir verbringen könnte, aber ohne ... mein Kreuz.« Gemeint war natürlich Mileva.

Im Juli 1913 erhielt Einstein Besuch aus Berlin: Max Planck und Walther Nernst kamen, um Einstein zu überzeugen, dass seine Zukunft in Deutschland liege. Ihr Angebot war durchaus verlockend: Einstein würde in die renommierte Preußische Akademie der Wissenschaften aufgenommen, Professor an der Universität Berlin werden und man würde ihm die Leitung des neuen Physik-Instituts übertragen. Er müsse keine Vorlesungen halten, sondern hätte jede Menge Gelegenheit, seinen eigenen Forschungsinteressen nachzugehen. Zwar müsste er die deutsche Staatsbürgerschaft annehmen, aber die schweizerische müsse er nicht aufgeben. Und last but not least: Auch die Bezahlung stimmte.

Einsteins Widerstand erlahmte dann auch entsprechend rasch. Er sah die Möglichkeit, sich voll und ganz dem Nachsinnen widmen zu können. Und dass er in der Nähe seiner neuen Liebe Elsa war, sprach gewiss auch nicht gegen das Angebot. Also zogen die Einsteins wieder einmal um.

Schon bald drängte Elsa Einstein dazu, Mileva um die Scheidung zu bitten, damit er frei für eine neue Ehe sei. Einstein jedoch war nicht allzu begierig darauf, direkt von der einen Ehe in die nächste zu springen. Er schien kaum noch Zeit für Familie zu haben. Sein Vater habe gewirkt, als würde die Familie zu viel Zeit verschlingen und ihn von seiner Arbeit abhalten, erinnerte sich Hans Albert später an die Zeit, in der Einstein versuchte, die allgemeine Relativitätstheorie zu formulieren. »Andererseits behandle ich meine Frau wie eine Angestellte, der ich allerdings nicht kündigen kann«, schrieb Einstein einem Freund. »Ich habe mein eigenes Schlafzimmer und vermeide es, mit ihr allein zu sein.«

Milevas Verbitterung gegenüber ihrem Ehemann wuchs, was nicht nur an der Art und Weise lag, wie er mit ihr umging. Sie neidete ihm auch den beruflichen Erfolg, der ihr verwehrt geblieben war. Möglicherweise hielt sie es wie Einstein und hatte ebenfalls Affären. Der Bruch kam im Juli 1914, als Mileva zu den Habers zog, gemeinsamen Berliner Freunden.

Die Habers, aber auch andere Vermittler, taten ihr Bestes, um eine Versöhnung herbeizuführen, aber Einsteins Reaktion bestand darin, Mileva einen ungewöhnlichen

Vertrag zur Regelung des künftigen Zusammenlebens vorzulegen. Darin stellte er einige Bedingungen auf:

A. *Du sorgst dafür,*
1) dass meine Kinder und Wäsche ordentlich im Stand gehalten werden,
2) dass ich die drei Mahlzeiten im Zimmer ordnungsgemäß vorgesetzt bekomme,
3) dass mein Schlafzimmer und Arbeitszimmer stets in guter Ordnung gehalten sind, insbesondere, dass der Schreibtisch mir alleine zur Verfügung steht.
B. *Du verzichtest auf alle persönlichen Beziehungen zu mir, soweit deren Aufrechterhaltung aus gesellschaftlichen Gründen nicht unbedingt geboten ist. Insbesondere verzichtest du darauf,*
1) dass ich zu Hause bei dir sitze,
2) dass ich zusammen mit dir ausgehe oder verreise.
C. *Du verpflichtest Dich ausdrücklich, im Verkehr mit mir folgende Punkte zu beachten:*
1) Du hast weder Zärtlichkeiten von mir zu erwarten noch mir irgendwelche Vorwürfe zu machen.
2) Du hast eine an mich gerichtete Rede sofort zu sistieren, wenn ich darum ersuche.
3) Du hast mein Schlaf- und Arbeitszimmer sofort ohne Widerrede zu verlassen, wenn ich darum ersuche.
D. *Du verpflichtest Dich, weder durch Worte noch durch Handlungen mich in den Augen meiner Kinder herabzusetzen.*

Das vielleicht Verblüffendste an diesem Knebelvertrag ist, dass Mileva sich tatsächlich darauf einließ. Dennoch verständigte man sich kurz darauf auf die Trennung. Einstein versprach, Frau und Kindern etwa die Hälfte seines Einkommens zukommen zu lassen. Ende Juli 1914 kehrten Mileva, Hans Albert und Eduard nach Zürich zurück, während ein offensichtlich vom Verlust seiner Kinder gebeutelter Einstein in Berlin blieb. 1916 erkrankte Mileva körperlich und geistig so schwer, dass die Kinder bei Freunden untergebracht wurden. Einstein sprang nicht in die Bresche.

Wiederholt bat er um die Scheidung, was Mileva lange verwehrte. Erst im Februar 1919 endete die Ehe offiziell. Mileva sollte in den Jahren darauf finanziell abrutschen, denn Eduard musste mit mentalen Problemen in eine Anstalt eingewiesen werden und die Kosten belasteten Mileva stark. Ihr Leben, das so vielversprechend begonnen hatte, erwies sich als sehr hart. Es endete am 4. August 1948. Wäre sie noch am Leben gewesen, als das *Time Magazine* Einstein zur Jahrtausendwende zur »Person des Jahrhunderts« erklärte, hätte sie dazu sicherlich einiges zu sagen gehabt.

Teil 2: Elsa Einstein

Auch Ehefrau Nummer zwei, Elsa, hatte ihre Probleme mit Einstein, aber die beiden waren in einem anderen Lebensabschnitt verheiratet. Intellektuell war sie ihm vielleicht nicht ebenbürtig, psychologisch dagegen durchaus.

Die 1876 geborene Elsa heiratete im Alter von 20 Jahren den Textilhändler Max Löwenthal. Sie hatten drei Kinder, einen Sohn, der früh starb, und die beiden Töchter Ilse und Margot. Die Ehe war nicht glücklich und 1908 ließen sich die beiden scheiden. Elsa und die Mädchen zogen in die Nähe von ihren Eltern in Berlin.

Um Ostern 1912 fing sie an, mit Einstein auszugehen. Sie war zu diesem Zeitpunkt 36 Jahre alt. Das Paar war mütterlicherseits Cousins ersten und väterlicherseits Cousins zweiten Grades. Sollte sich Einstein vorsätzlich nach jemandem umgesehen haben, der einen anderen Charakter als Mileva an den Tag legte, war Elsa die richtige Wahl. Sie war nicht allzu intellektuell, ihr lagen Heim und Herd eher am Herzen und auch optisch ähnelte sie eher einer Matrone. Sie überschüttete ihren Cousin mit Aufmerksamkeit, die dieser begierig aufsog. Gegenüber seinen Geliebten hielt sich Einstein nicht mit Zuneigungsbekundungen zurück und so schrieb er ihr schon bald: »Jemand lieb haben muss ich aber, sonst ist es jämmerlich zu existieren«, um sogleich nachzuschieben: »Und dieser jemand bist Du.«

Elsa wollte unbedingt mit ihrem »Albertle«, wie sie ihn als Kind genannt hatte, heimisch werden, er dagegen sperrte sich lange. Selbst wenn Mileva in die Scheidung einwilligen würde, habe er es nicht eilig damit, gleich wieder zu heiraten, erklärte Einstein Elsa und schrieb ihr: »Ich freue mich, dass unsere zarten Beziehungen nicht in der Spießbürgerei untergehen müssen.«

Umso überraschender, dass er keine fünf Monate nach der Scheidung von Mileva Elsa heiratete. Zusammen mit Ilse und Margot bezogen sie eine große Wohnung in einem schicken Stadtteil Berlins. Auf den ersten Blick bot sich dem Betrachter das Bild bürgerlichen Glücks, wie es Elsa so am Herzen lag und wie es Einstein scheinbar verabscheute.

Sollte Elsa geglaubt haben, von nun an würde es einfacher werden, sollte sie bitter enttäuscht werden. Sie musste mit Einsteins Arbeit um seine Zuneigung konkurrieren und mit all der Aufmerksamkeit fertigwerden, die sein Status als Berühmtheit mit sich brachte. Das Ganze geschah vor dem Hintergrund schwerer politischer Umwälzungen, die das Paar letztlich dazu bewegen sollte, in die USA umzusiedeln. Darüber hinaus musste sie sich auch noch mit der Untreue ihres Mannes auseinandersetzen: Für Einstein war es sichtlich schwer, treu zu bleiben. Und für jemanden, der in aller Welt erkannt wurde, gab es gewiss keinen Mangel an Möglichkeiten, sich und seine Treue zu testen. In den 1920er-Jahren beispielsweise verliebte er sich in seine Sekretärin Betty Neumann und Elsa dürften noch weitere Affären bekannt gewesen sein. Einsteins Arzt Janos Plesch erklärte angeblich einmal: »Einstein liebte die Frauen und je gewöhnlicher und verschwitzter sie waren, umso besser gefielen sie ihm.«

Dennoch hielt die Ehe und beide schienen glücklicher zu sein, als sie es in ihren ersten Ehen gewesen waren.

Elsa gelang es, die Schwächen ihres Gatten philosophisch zu sehen: »Ein derartiges Genie sollte untadelig sein, aber so funktioniert die Natur nicht«, schrieb sie 1929. »Wo sie im Übermaße gibt, nimmt sie auch im Übermaße.« Und in einem anderen Brief aus jeder Zeit äußerte sie sich anrührend über das Wesen ihrer Ehe: »Gott hat ihm so viel Schönes gegeben und ich finde ihn wunderbar, auch wenn das Leben an seiner Seite in jeder Hinsicht schwächend und schwierig ist.«

1935 wurden bei Elsa Probleme mit Herz und Nieren diagnostiziert. Rasch verschlechterte sich ihr Gesundheitszustand und sie starb am 20. Dezember 1936 im Haus an der 112 Mercer Street in Princeton, wo die Einsteins ein neues Zuhause gefunden hatten. Wie gelang es ihr, Albert zumindest ein wenig zu zähmen, etwas, das Mileva nie geglückt war? »Ich führe ihn, aber lasse ihn nie wissen, dass ich ihn führe«, gestand Elsa einst.

Einstein und Gott

In den Gesetzen des Universums manifestiert sich ein Geist –
ein Geist, der dem Menschen weit überlegen ist.

ALBERT EINSTEIN, 1936

Seit fast einem Jahrhundert rätseln Beobachter: War Einstein religiös? War er gläubig? Im Laufe seines Lebens wurde er wiederholt gefragt, ob er an – einen – Gott glaube, und er hat sich häufig und ausführlich zu dem Thema geäußert. Und dennoch: Bis heute ist man sich nicht sicher, welche Haltung er letztendlich zu diesem Thema hatte.

Einstein wurde in eine jüdische Familie hineingeboren, aber seine Eltern waren nicht besonders gläubig. Der junge Albert besuchte eine katholische Schule, in der er in seiner rund 70-köpfigen Klasse der einzige Jude war. Angesichts der historischen Umstände, in denen er aufwuchs, ist es leider nicht überraschend, dass er immer wieder zum Opfer antisemitischer Anfeindungen durch seine Mitschüler wurde. Vielleicht legte er auch deshalb nach Abschluss der Grundschule einen überraschend religiösen Eifer an den Tag. Von Dauer war diese Phase jedoch nicht. In seiner Autobiografie schrieb er 1946 von seiner »tiefen Religiosität«, die ein »abruptes Ende« fand, als er 12 Jahre alt war. Durch die Lektüre populärwissenschaftlicher Bücher kam er »bald zu der Überzeugung, dass vieles von den Erzählungen der Bibel nicht wahr sein konnte. ... Das Misstrauen gegen jede Art von Autorität erwuchs aus diesem Erlebnis ... eine Einstellung, die mich nie wieder verlassen hat.«

Max Talmud machte Albert mit den Werken von Kant, Hume und Mach vertraut und Einstein vertiefte sich fasziniert in die Diskussionen darüber, was wir über die Realität wissen. Als Jugendlicher entfernte er sich entschieden von jeglicher Form traditionellen religiösen Glaubens. In einem Interview sagte er 1922 dem japanischen Magazin Kaizo 5: »›Religiöse Wahrheit‹ bedeutet für mich überhaupt kein klares Bild.« Er begann jedoch damit, einen komplexen persönlichen Glauben zu entwickeln, der gleichzeitig den Glauben an eine höhere Macht beinhaltete, aber nicht mit seinen eigenen wissenschaftlichen Interessen kollidierte.

Für Einstein schlossen sich Religion und Wissenschaft keineswegs aus: »Wissenschaft ohne Religion ist lahm, Religion ohne Wissenschaft ist blind«, erklärte er. Widersprüchlichkeiten sah er nicht, schließlich strebten beide Wege danach, einen Sinn hinter unserer Existenz zu erkennen. Seit Beginn der Wissenschaftsgeschichte standen sich Forschung und Religion feindselig gegenüber – und tun es zum Teil immer noch –, aber laut Einstein ergänzen sie einander. »Ich habe keinen besseren Ausdruck als den Ausdruck ›religiös‹ für dieses Vertrauen in die vernünftige und der menschlichen Vernunft wenigstens einigermaßen zugängliche Beschaffenheit der Realität«, schrieb er 1951 Maurice Solovine. »Wo dieses Gefühl fehlt, da artet Wissenschaft in geistlose Empirie aus.« Bei anderer Gelegenheit legte er Banesh Hoffmann dar, wie sich der Glaube an einen Schöpfergott auf seine eigene wissenschaftliche Arbeit auswirkte: »Ich frage mich, ob ich, wäre ich Gott, die Welt auf eine derartige Weise angeordnet hätte.«

Was er ablehnte, war das Bild eines bärtigen Gotts, der über uns auf einer Wolke schwebt und sich mit dem Treiben der Menschen beschäftigt. Einstein schrieb einmal: »Ich kann mir keinen persönlichen Gott denken, der die Handlungen der einzelnen Geschöpfe direkt beeinflusste oder über seine Kreaturen zu Gericht säße.« In demselben Brief hieß es: »Meine Religiosität besteht in einer demütigen Bewunderung des unendlich überlegenen Geistes, der sich in dem Wenigen offenbart, was wir mit unserer schwachen und hinfälligen Vernunft von der Wirklichkeit zu erkennen vermögen.«

Im Laufe der Zeit identifizierte er sich vor allem mit den Lehren von Baruch de Spinoza, dem niederländischen und jüdischen Philosophen aus dem 17. Jahrhundert. In seinem großen Werk *Ethik* skizzierte dieser einen Glauben, der sich nicht an einen persönlichen Gott richtete, sondern an ein theologisches Muster des Universums. 1929 sagte Einstein der *New York Times*: »Ich glaube an Spinozas Gott, der sich in der gesetzlichen Harmonie des Seienden offenbart, nicht an einen Gott, der sich mit Schicksalen und Handlungen der Menschen abgibt.«

Einen sich »einmischenden« Gott lehnte er ab. Das hatte er zuvor bereits erklärt und er sollte sich auch später noch mit diesem Thema befassen. 1930 schrieb er in einem Artikel für die *New York Times*:

Wer von der kausalen Gesetzmäßigkeit allen Geschehens durchdrungen ist, für den ist die Idee eines Wesens, welches in den Gang des Weltgeschehens eingreift, ganz unmöglich. ... Ein Gott, der belohnt und bestraft, ist für ihn undenkbar, allein schon aus dem schlichten Grund, dass die Handlungen eines Menschen durch äußere wie innere Notwendigkeit diktiert werden. In den Augen Gottes kann er deswegen nicht verant-

wortlich sein, genauso wenig wie ein lebloser Gegenstand für Bewegungen verantwortlich sein kann, die er durchläuft.

Wieder und wieder sprach Einstein davon, dass er bei seinen wissenschaftlichen Erwägungen eine unsichtbare göttliche Hand entdecken könne. In einem Brief beschrieb er es so: »Jene mit tiefem Gefühl verbundene Überzeugung von einer überlegenen Vernunft, die sich in der erfahrbaren Welt offenbart, bildet meinen Gottesbegriff.« Er ging auf das Thema in einem Interview mit George Sylvester Viereck näher ein:

Alles ist vorherbestimmt …, durch Kräfte, über die wir keine Kontrolle haben. Es ist für ein Insekt nicht anders vorherbestimmt als für Stern. Die menschlichen Wesen, Pflanzen oder der Staub, wir alle tanzen nach einer geheimnisvollen Melodie, die ein unsichtbarer Spieler in den Fernen des Weltalls anstimmt.

Das fügt sich ein in seine früheren Äußerungen, denen zufolge sein Glaube »pantheistisch« sei, also zu der Lehre passt, das Universum sei die physische Manifestation des Göttlichen. Während er sich seiner pantheistischen Überzeugung sicherer wurde, wuchs gleichzeitig seine Kritik an den Folgen, die traditionelle Glaubensrichtungen für ihre Gläubigen haben. Argwöhnisch stand er dem »Aberglauben« gegenüber, den er bei Anhängern der großen Religionen auszumachen meinte. Er vertrat die Ansicht, für die Zukunft biete wissenschaftliche Rationalität mehr Hoffnung. 1922 erklärte er im Interview mit *Kaizo 5*:

Wissenschaftliches Arbeiten kann den Aberglauben reduzieren, indem es Menschen dazu bringt, Dinge unter dem Aspekt von Ursache und Wirkung zu betrachten. Hinter allem wissenschaftlichen Schaffen einer höheren Ordnung herrscht eine Überzeugung gleich einem religiösen Gefühl von der Rationalität und oder Verständlichkeit.

Knapp zwei Jahrzehnte später argumentierte er praktisch identisch. 1940 hielt er in New York auf einem Symposium für »Wissenschaft, Philosophie und Religion« einen Vortrag, in dessen Verlauf er erklärte:

Je weiter die geistige Entwicklung des Menschen voranschreitet, in desto höherem Grade scheint es mir zuzutreffen, dass der Weg zu wahrer Religiosität nicht über Daseinsfurcht, Todesfurcht und blinden Glauben, sondern über das Streben nach vernunftbasierter Erkenntnis führt.

Von Religionen, die auf alten Schriften oder Furcht vor dem Leben nach dem Tode fußten, hielt Einstein nichts. Seine Religion basierte auf denselben Instinkten, die auch seine wissenschaftliche Arbeit beflügelten: Er war fasziniert von den Rätseln, die diese Welt und das Universum zu bieten hatten, und er glaubte daran, dass sich diese Rätsel irgendwann erklären lassen. 1930 schrieb er für das Magazin *Forum & Century* einen Artikel mit der Überschrift *Woran ich glaube* und eleganter hat er sich vielleicht nie wieder zu diesem Thema geäußert:

Das Schönste, was wir erleben können, ist das Geheimnisvolle. Es ist die Quelle von wahrer Kunst und Wissenschaft. Wer sie nicht kennt und wer sich nicht mehr wundern, wer nicht mehr staunen kann, der ist sozusagen tot und dessen Augen erloschen. Das Erlebnis des Geheimnisvollen – wenn auch mit Furcht gemischt – hat auch die Religion gezeugt. Das Wissen um die Existenz des für uns Undurchdringlichen, der Manifestationen tiefster Vernunft und leuchtendster Schönheit, die unserer Vernunft nur in ihren primitivsten Formen zugänglich sind, dies Wissen und Fühlen macht wahre Religiosität aus; in diesem Sinn und nur in diesem gehöre ich zu den tief religiösen Menschen.

All dies stand in krassem Widerspruch zu einer Ansicht, die zu Lebzeiten Einsteins weit verbreitet war – nämlich dass er den Triumph der Wissenschaft über die Religion verkörpere. Die Relativitätstheorie hatte seit Langem geltende »Gewissheiten« über den Haufen geworfen und schien ebenso effektiv an religiösen Doktrinen zu rütteln, wie es Darwins Ideen im Jahrhundert zuvor getan hatten. Deshalb erstaunt es auch nicht, dass sich gewisse Verfechter des Atheismus Einstein zu ihrer Galionsfigur auserkoren – ein Status, den er sich ausdrücklich verbat.

Vielmehr fand er Atheismus in seiner proaktiven Form beunruhigend und er war sehr darauf bedacht, sich davon zu distanzieren. Anfang der 1940er-Jahre sprach er mit dem Nazi-feindlichen deutschen Diplomaten Hubertus zu Löwenstein und brachte dabei seine Wut über die Menschen zum Ausdruck, die behaupten, es gebe keinen Gott und »die mich dann für ihre Zwecke zitieren«. Und einige Jahre vor seinem Tod erklärte er: »Was mich von den meisten sogenannten Atheisten trennt, ist das Gefühl einer tiefen Demut vor den unerreichbaren Geheimnissen der Harmonie des Kosmos.«

Am meisten ärgerte ihn offenbar die Haltung, mit der Anhänger des Atheismus allein die Möglichkeit ablehnten, sie könnten sich irren. Diese Haltung brachte Einstein auf die Palme und verleitete ihn zu der Tirade: »Dann gibt es da noch die fanatischen Atheisten, deren Intoleranz die gleiche wie die der religiösen Fanatiker ist, und die derselben Quelle entspringt. ... Sie sind Kreaturen, die die Musik der Sphären nicht hören können.«

Woran hat Einstein denn nun geglaubt? Die Suche nach der Antwort wird durch einen weiteren Aspekt verkompliziert: Auf der einen Seite glaubte Einstein an den kausalen Determinismus im Universum, auf der anderen forderte er, dass die Menschheit moralische Verantwortung für ihr Tun übernimmt. Wie ließ sich das vereinbaren? Aufgrund seines wissenschaftlichen Hintergrunds war für ihn ganz klar, dass alles, was im Universum geschieht, durch Naturgesetze und den angesammelten Einfluss früherer Ereignisse vorherbestimmt ist. Damit blieb kein Freiraum mehr für die Entfaltung freien menschlichen Willens. Das wiederum führt die Vorstellung moralischer Verantwortung ad absurdum. 1932 erklärte er vor der Spinoza-Gesellschaft, »dass die Menschen in ihrem Denken, Fühlen und Tun nicht frei sind, sondern ebenso kausal gebunden wie die Gestirne in ihren Bewegungen.«

Dennoch erwartete Einstein Gutes von den Menschen und forderte von den Menschen, für eine politische Haltung einzustehen, die auf ethisch-moralischen Wertvorstellungen und Entscheidungen basiert. Die Realität des freien Willens akzeptierte er nicht, erkannte aber den Nutzen dieser Idee als gesellschaftliches Instrument. Damit eine Gesellschaft sich anständig aufführt, müssen die Menschen Verantwortung für ihr Handeln übernehmen, das erkannte auch Einstein. George Sylvester Viereck gegenüber erklärte er es so: »Ich weiß, dass ein Mörder philosophisch nicht für sein Verbrechen verantwortlich ist, aber mir wäre es trotzdem lieber, meinen Tee nicht mit ihm einzunehmen.«

Was bedeutete das für die Praxis? Einstein forderte seine Mitmenschen auf, andere zu respektieren und sich ihnen gegenüber anständig zu benehmen. Seine Stieftöchter drängte er beispielsweise zu Zurückhaltung und Barmherzigkeit: »Braucht wenig, aber gebt anderen viel.« Und dem New Yorker Geistlichen Cornelius Greenway schrieb er: »Nur moralisches Handeln kann dem Leben Schönheit und Würde verleihen.« Die Doktrinen der großen Religionen lehnte Einstein grundsätzlich ab, aber die jeweiligen Anführer sah er als Vorbilder für den Humanitarismus. Dieser Idee ging er 1937 nach: »Was die Menschheit Persönlichkeiten wie Buddha, Moses und Jesus verdankt, steht mir höher als alle Leistungen des forschenden und konstruktiven Geistes.«

Was die Religion betrifft hatte Einstein in mancher Hinsicht eine sehr klare Ansicht, in manchen Punkten hatte er jedoch sehr komplexe und vielleicht auch nicht immer leicht nachvollziehbare Vorstellungen. All der Widersprüchlichkeiten war er sich durchaus bewusst. Kurz vor seinem Tod sagte er einem Freund: »Ich bin ein tief religiöser Ungläubiger ... das ist eine irgendwie neue Art von Religion.«

Einstein, das Judentum und der Zionismus

So sehr ich mich als Jude fühle, so fremd stehe ich den traditionellen religiösen Formen gegenüber.

ALBERT EINSTEIN, 1920
an die jüdische Kultusgemeinde von Berlin

Wenngleich Einstein bis auf eine kurze Zeit während seiner Jugend Einstein nie ein praktizierender Jude war, sah er sich dennoch stets als Teil der allgemeinen jüdischen Gemeinde. Dieses Gefühl wuchs mit dem Alter noch und interessanterweise schien er sich umso jüdischer zu fühlen, je stärker seine persönlichen religiösen Absichten von denen der traditionellen abrahamitischen Religionen abwichen. Im Alter erklärte er, dass »meine Beziehung zum jüdischen Volk meine stärkste menschliche Bindung« geworden sei.

Als Jugendlicher liebäugelte Einstein kurzzeitig mit der traditionellen Religion, weigerte sich aber danach, sich als Teil der jüdischen Gemeinschaft anzusehen. Nachdem er 1896 die deutsche Staatsbürgerschaft aufgegeben hatte und staatenlos war, gab er in offiziellen Unterlagen an, keiner Religion anzugehören. Als er 1910 eine Stelle an der Universität Prag antrat, musste er die Staatsbürgerschaft von Österreich-Ungarn erwerben und im Zuge dessen eine Religionszugehörigkeit angeben. Er entschied sich schließlich für »mosaisch« – also ein »Anhänger der Lehren Moses'«, eine eher altertümliche Umschreibung für »jüdisch«. Auch 1919 auf seinen

Scheidungspapieren benutzte er diesen Begriff, aber erst nachdem er »Andersdenkend« vorgeschlagen hatte.

Doch als in den 1920er-Jahren der Antisemitismus – vor allem in Einsteins Geburtsland Deutschland – wieder Hochkonjunktur erlangte, fand Einstein zu seinem jüdischen Erbe zurück. Auf die religiösen Praktiken des Judentums erstreckte sich die Wiederannäherung jedoch nicht: »Ich bin weder deutscher Staatsbürger noch ist irgendetwas an mir, was man als ›jüdischen Glauben‹ bezeichnen kann. Aber ich freue mich, dem jüdischen Volke anzugehören«, erklärte er. Es überrascht nicht, dass er sich mit derartigen Äußerungen den Zorn einiger zuzog. 1920 beispielsweise attackierte ihn die »Arbeitsgemeinschaft deutscher Naturwissenschaftler zur Erhaltung reiner Wissenschaft« dafür, finanziellen Nutzen aus seiner Arbeit an der Relativitätstheorie gezogen zu haben. Die Theorie wurde als »von jüdischer Natur« abgelehnt.

Hatte diese Gruppe gehofft, Einstein mit ihrem Vorgehen mundtot zu machen, so wurde sie bitter enttäuscht. Je stärker die antisemitischen Wellen über ihn hereinbrachen, desto stärker klammerte sich Einstein an sein Jüdischsein. Jüdische Forscher würden, weil sie seit jeher in Europa den Status einer Randgruppe innehatten, eine »kreative Skepsis« an den Tag legen, behauptete Sigmund Freud, selber einer der großen jüdischen Intellektuellen des 20. Jahrhunderts.

Einstein reagierte entsetzt angesichts des Aufstiegs und Zulaufs, den der Faschismus in Europa hatte. Seine

Antwort bestand darin, sich noch unerschrockener für seine jüdischen Brüder und Schwestern in die Bresche zu werfen. Dazu passend stimmte er 1921 zu, Chaim Weizmann, den damaligen Präsidenten der Zionistischen Weltorganisation, in die USA zu begleiten. Dort sollten auf einer Rundreise Mittel für eine jüdische Universität in Palästina gesammelt werden. Im selben Jahr beklagte Adolf Hitler, dass die deutsche Wissenschaft, »einst unseres Volkes größter Stolz«, mittlerweile von »Hebräern« gelehrt werde.

Dennoch überrascht es, dass sich Einstein mit Weizmann einließ, stand er doch von Natur aus dem Nationalismus misstrauisch gegenüber. Aber selbst wenn er zum damaligen Zeitpunkt Weizmanns Wunsch nicht teilte, dass die Juden einen eigenen Staat bekommen, sagte ihm doch die Vorstellung eines kulturellen »Nationalgefühls« der Juden zu. Und ganz besonders reizte ihn die Idee einer Hochschule – ein Gedanke, aus dem die Hebräische Universität von Jerusalem erwachsen sollte. Die Rundreise selbst war ein spektakuläres Ereignis. Einstein wurde ein Empfang bereitet, wie ihn zuletzt Charles Dickens 80 Jahre zuvor erlebt hatte und wie ihn erst 40 Jahre später wieder die Beatles erhalten sollten.

Die Lage in Europa verschlechterte sich jedoch zusehends. Deutschland wurde von der Hyperinflation geplagt, was die Stimmung gegen das »jüdische Kapital« nur mehr anheizte und 1922 wurde Deutschlands jüdischer Außenminister Walter Rathenau bei einem Anschlag brutal ermordet. Die nationalistischen Attentäter schossen auf ihn und warfen dann eine Handgranate in das Auto, in dem er saß. Einstein reagierte zutiefst schockiert auf den Anschlag und die Polizei warnte auch ihn vor antisemitischen Übergriffen. »Die ganze Schwierigkeit kommt daher, dass die Zeitungen meinen Namen zu oft genannt haben und dadurch das Gesindel gegen mich mobil gemacht haben«, schlussfolgerte er.

Während Hitlers Aufstieg, des Zweiten Weltkrieges und den Schrecken des Holocausts hielt Einstein die ganze Zeit über unbeirrt an seinem Jüdischsein fest, blieb dabei aber unentschlossen in der Frage eines jüdischen Nationalstaats, dem erklärten Ziel der Zionisten. Er habe nie mit Leib und Seele hinter dieser Idee gestanden und fürchte, dass das Judentum durch engstirnigen Nationalismus Schaden nehmen könne, sagte er. Hinter dem Kampf gegen den Antisemitismus stand er uneingeschränkt, aber die Notwendigkeit für einen eigenen Nationalstaat könne er nicht erkennen, so Einstein.

Auch die militaristische Rhetorik, die von Teilen des zionistischen Lagers zu hören war, beunruhigte ihn. 1948 beispielsweise unterzeichnete er einen offenen Brief, in dem Menachem Begin – der spätere Präsident Israels – als Terrorist angeprangert wurde. Doch als im selben Jahr der Staat Israel aus der Taufe gehoben wurde, erkannte Einstein, dass es von nun an keine Umkehr geben werde. Er hatte sich aus »wirtschaftlichen, politischen und militärischen Gründen« gegen die Staatsgründung ausgesprochen, aber nun ging es darum, die neue Nation auf eine vernünftige Grundlage zu stellen. Dazu gehörte in erster Linie eine friedliche Eingliederung in die einheimische arabische Bevölkerung. Diese Menschen seien von denjenigen, die auf die Gründung des Staates Israels hinarbeiteten, zu lange vernachlässigt worden, so Einstein. Schon 1929 hatte er Hugo Bergmann, einem Philosophie-Professor der Hebräischen Universität Jerusalem, erklärt, alle jüdischen Kinder in Palästina sollten Arabisch lernen. Und im selben Jahr schrieb er Chaim Weizmann: »Sollten wir nicht in der Lage sein, einen Weg zur aufrichtigen Zusammenarbeit und Einigung mit den Arabern zu finden, dann haben wir in den 2000 Jahren unserer Leidensgeschichte wirklich nichts gelernt und verdienen alles, was auf uns zukommen mag.«

Als jemand, der an einem Ort und zu einer Zeit aufwuchs, wo er wegen seines kulturellen Erbes verfolgt wurde, strebte Einstein eine Gesellschaft der Gleichheit an. Kurz vor seinem Tod legte er Zvi Lurie, einem der Unterzeichner der israelischen Unabhängigkeitserklärung, seine Vision dar:

Der wichtigste Aspekt unserer Politik muss in unserem beständigen und offenkundigen Streben bestehen, eine vollständige Gleichstellung der in unserer Mitte lebenden arabischen Mitbürger zu erzielen. … Die wahre Probe für unsere moralischen Werte als Volk wird die Haltung sein, die wir gegenüber der arabischen Minderheit einnehmen.

Als 1952 Chaim Weizmann starb, bot man Einstein an, nächster Präsident von Israel zu werden. Ministerpräsident David Ben-Gurion sah aufgrund der überwältigenden Unterstützung, die diese Idee in der Öffentlichkeit fand, keine andere Wahl, als Einstein das Amt anzutragen. Angesichts seiner gemischten Gefühle gegenüber Israel lehnte Einstein jedoch wenig überraschend dankend ab, was bei allen wichtigen Entscheidern mit großer Erleichterung aufgenommen wurde. Einstein selbst, der zu diesem Zeitpunkt in den USA lebte, ging – vermutlich zu Recht – davon aus, dass es ihm sowohl an natürlicher Begabung als auch an Erfahrung für die Position mangele. Bei einem Telefonat mit dem israelischen Botschafter in Washington erklärte er: »Ich bin nicht der Richtige für dieses Amt. Ich kann unmöglich zusagen.«

Auf sein Leben hatte Einsteins Jüdischsein zweifelsohne Einfluss, aber letztlich verwehrte er sich dagegen, sich darüber oder über eine andere kulturelle Schublade definieren zu lassen. Schon 1918 hatte er dem deutschen Mathematiker Adolf Kneser geschrieben: »Ich bin der Abstammung nach ein Jude, der Staatszugehörigkeit nach ein Schweizer und der Gesinnung nach ein Mensch und nur ein Mensch, ohne besondere Neigung für irgendein staatliches oder nationales Gebilde.«

20 Jahre später schrieb er einen Artikel für das Magazin *Collier* und vielleicht ist dort das, was er über sein religionsloses Jüdischsein dachte, am besten zusammenge-

fasst: »Was die Juden über Jahrtausende zusammengehalten hat und sie noch heute verbindet, ist vor allem das demokratische Ideal der sozialen Gerechtigkeit in Verbindung mit dem Ideal der gegenseitigen Hilfe und Toleranz gegenüber allen Menschen.«

Vergessen Sie nicht abzuschalten

Er segelte wie Odysseus.

MARGOT EINSTEIN
Alberts Stieftochter

Einstein stürzte sich mit wilder Entschlossenheit in die Arbeit. Er war niemand, der in einer Vielzahl von Hobbys Entspannung suchte. Seine Freundin Alice Kahler sagte, zu seinen wenigen Leidenschaften in der Freizeit habe das Rätselraten gehört – was sich streng genommen wohl nicht allzu sehr von seiner Hauptbeschäftigung unterscheidet. Einmal schenkte Kahler Einstein ein chinesisches Kreuzpuzzle, ein dreidimensionales, ineinandergreifendes Puzzle, das als ziemlich vertrackt gilt. Nur drei Minuten später hatte Einstein es zu Kahlers Enttäuschung bereits gelöst.

Was also tat Einstein, um abzuschalten? Er rauchte gerne Pfeife (was seinem Arzt nicht gefallen haben dürfte) und gelegentlich Zigarre (was seiner zweiten Frau definitiv nicht gefiel). Die Rauchwolken halfen Einstein, seine Welt klarer zu sehen, und er war mit einem solchen Elan bei der Sache, dass ihn 1950 der Club der Pfeifenraucher von Montreal zum Ehrenmitglied auf Lebenszeit ernannte. »Pfeiferauchen trägt zu einem einigermaßen ruhigen und objektiven Urteil über menschliche Angelegenheiten bei«, kommentierte er die Würdigung.

Gesünder war da schon eine andere Freizeitbeschäftigung: Einstein segelte gerne. Begonnen hatte er damit während des Studiums auf den Seen rund um Zürich. Viele Dinge sprachen für das Segeln, aber für Einstein war es insbesondere die ideale Möglichkeit, zur Ruhe zu kommen. Die hektischen Abläufe des Regattasegelns waren nicht Einsteins Sache, er betrachtete es vielmehr als den Sport, »der die geringste Energie beansprucht«. Er war weniger der Typ Segelchampion wie Ben Ainslie als vielmehr die Wasserratte aus *Der Wind in den Weiden*. Das lässt sich wohl guten Gewissens behaupten. Er segelte mit Freunden, aber noch häufiger segelte er ohne Begleitung und genoss dabei die Möglichkeit, weit weg von seinem Schreibtisch und anderen Menschen in Ruhe zu sinnieren.

Segeln war für Einstein ein seltener Moment völliger Freiheit. Dass er sich durch nichts einengen lassen wollte, zeigte sich auch daran, dass er keine Rettungsweste trug, obwohl er ein schlechter Schwimmer war. Auch in den USA ging er seiner großen Segelleidenschaft nach. Nicht selten wurde der Ort des Sommerurlaubs unter dem Aspekt ausgesucht, wie gut man dort segeln konnte. Schließlich kaufte er sich ein 17 Fuß langes Holzboot, das er auf den Namen »Tinnef« taufte, ein aus dem Jüdischen stammender Begriff, der so viel wie »wertloser Kram« oder »Plunder« bedeutet. Wie viel Freude ihm die Zeit auf dem Wasser bereitete, lässt sich an einem Brief ablesen, den er 1954 an Elisabeth von Belgien schrieb:

Das Segeln in den abgelegenen kleinen Buchten entlang der Küste ist mehr als nur entspannend ... Ich habe jetzt sogar einen Kompass, der im Dunkeln leuchtet, ganz wie bei einem echten Seefahrer. Es ist aber nicht weit her mit meiner Kunst, und ich bin schon zufrieden, wenn ich jeweilen von der Sandbank wieder loskomme, auf der ich stecken geblieben bin.

Hier findet sich interessanterweise ein Hinweis darauf, dass sich seine in der Kindheit entflammte Faszination vom Kompass noch nicht gelegt hat.

Einen Sommerurlaub verbrachte Einstein in Rhode Island, wo er bei jeder sich bietenden Gelegenheit in See stach. Jahre später sollte sich ein Mitglied eines örtlichen Jachtclubs erinnern, wie der berühmte Mann manchmal tagelang verschwand und die an Land Verbliebenen in Angst und Schrecken versetzte. Wiederholt schickte man Suchtrupps nach ihm aus und jedes Mal entdeckte man Einstein zufrieden und tief in seine Gedankenwelt versunken an Bord seines Boots. Je berühmter und beliebter er wurde, desto mehr diente ihm das Wasser als letzte Zuflucht. Hier konnte er ganz er selbst sein, hier war er nicht Einstein, das Genie, der Entdecker der Relativitätstheorie, der Berühmte mit dem wirren Haar. Margot Einstein fasste es 1978 am besten zusammen: »Wenn man mit ihm auf dem Segelboot war, fühlte man ihn wie ein Element. Er hatte etwas so Natürliches und Starkes in sich, weil er selbst ein Teil der Natur war.«

Der Geigenvirtuose

Wenn ich nicht Physiker wäre, wäre ich Musiker.

ALBERT EINSTEIN, 1929

Einstein liebte das Segeln sehr, dennoch nahm es immer nur den zweiten Platz ein. Seine größte Leidenschaft war die Musik. Diese Liebe wurde ihm von seiner Mutter eingeimpft, die ihn als Kind zum Geigenunterricht gezwungen hatte. Im Laufe der Jahre gewann er genauso großen Gefallen am eigenen Musizieren wie am Musik hören.

»Ich denke häufig in Musik, ich lebe meine Tagträume in Musik«, sagte Einstein 1929 George Sylvester Viereck. »Ich sehe mein Leben in Begriffen der Musik … die meiste Freude im Leben bereitet mir meine Geige.«

Einstein verehrte Mozart – insbesondere bewunderte er die Einfachheit der Kompositionen (was passt, denn Einfachheit war für Einstein die Grundlage all dessen, was schön ist) und ihre Reinheit. »Mozarts Musik ist so rein und schön, dass ich sie als die innere Schönheit des Universums ansehe.« Gleich dahinter folgte Bach. Bei beiden bewunderte er, dass die Musik wirkte, als sei sie komplett entstanden und nicht erst mühsam komponiert worden. Auch Schubert sagte Einstein zu, vor allem wie gut er Gefühle ausdrücken konnte. Die Werke Beethovens dagegen wirkten auf ihn auf dermaßen rau und aufdringlich, dass sie bei ihm Unbehagen auslösten. Wie hoch bei Einstein die musikalische Messlatte lag, lässt sich auch daran ablesen, dass ihm berühmte Komponisten wie Händel, Wagner und Mendelssohn-Bartholdy deutlich weniger zusagten.

Als Geiger war Einstein mehr als kompetent und er ließ sich meist auch nicht lange bitten, öffentliche Kostproben seines Könnens zu geben. Als er noch in Aarau zur Schule ging, spielte er bei mehreren Kirchenkonzerten, und als globale Berühmtheit gab er Konzerte, bei denen er Mittel für das eine oder andere Herzensprojekt sammelte. Bei einer Wohltätigkeitsveranstaltung gab er in den 1930er-Jahren Bach und Mozart zum Besten. Das

Time Magazine schrieb: »Er war dermaßen vertieft in die Musik, dass er, noch nach Ende der Vorstellung, mit verträumten Blick die Saiten zupfte.«

Auch privat gab er zahlreiche Vorstellungen, was sowohl die Mitglieder der Akademie Olympia als auch das belgische Königspaar bezeugen konnten. Die Begeisterung war nicht uneingeschränkt. So monierte der Berufsgeiger Walter Friedrich Ende der 1920er-Jahre: »Einstein hat einen Strich wie ein Holzfäller.« Andere erkannten durchaus den Ansatz eines genialen Talents, wenn auch nur indirekt. »Einstein spielt hervorragend, aber seinen Weltruhm hat er nicht verdient. Es gibt zahlreiche andere, die genauso gut spielen«, schrieb Anfang der 1920er ein Musikkritiker, dem offensichtlich entgangen war, dass Einsteins Ruhm nicht auf seinen musikalischen, sondern auf seinen Leistungen als Forscher beruhte.

Einstein tat es Sherlock Holmes gleich und griff gerne zur Geige, wenn er ein besonders vertracktes Problem zu lösen hatte. Freunde erzählten, wie er manchmal Geige spielend durch die Küche streifte, bis er sein Spiel unterbrach und verkündete, er habe die Lösung gefunden. Später spielte er nur noch seltener und verbrachte mehr Zeit am Klavier, für das er allerdings weniger Begabung aufwies. Es zeigt dennoch, welch große Rolle die Musik für ihn spielte. Wie schrieb er 1928: »Die Musik wirkt nicht auf die Forschungsarbeit, sondern beide werden aus derselben Sehnsuchtsquelle gespeist und ergänzen sich bezüglich der durch sie gewährten Auslösung.«

Essen wie Einstein

Ich bin oft so in meiner Arbeit, dass ich
das Mittagessen vergesse.

ALBERT EINSTEIN

Je älter er wurde, desto populärer wurde Einstein. Dennoch blieb er ein Mann von eher anspruchslosem Geschmack. Ein einfaches Leben sei gut für Leib und Seele, so seine Auffassung.

Zu Zeiten der Akademie Olympia waren die Abendessen meist keine grandiosen Veranstaltungen, was an der chronischen Geldknappheit lag. Würstchen waren ein fester Bestandteil des Speiseplans, ebenso Käse (wobei vor allem Gruyère sehr beliebt war) und Obst. Das Ganze wurde mit Tee heruntergespült. Auch Makkaroni kamen immer gut an, was wohl auch mit seiner Zeit in Italien zusammenhing. Und man weiß, dass Einstein gerne mal ein Eis schleckte. Dokumentiert ist auch eine Mahlzeit, die er mit dem belgischen Königspaar einnahm: Spinat, Rührei und Kartoffeln.

Einsteins Speiseplan wurde auch von den Magenproblemen diktiert, die ihn ab 1917 heimsuchten und die ihn Zeit seines Lebens begleiten sollten. Die Ärzte vermuteten, die Probleme seien durch die kriegstypische Mangelernährung ausgelöst und rieten ihm zu einer proteinreichen Diät. Doch Einstein lebte damals allein und tat sich schwer damit, die Anweisungen der Ärzte zu befolgen. Er nahm nicht nur diverse Kilogramm ab, seine Gesundheit nahm langfristigen Schaden.

Immer wieder liebäugelte Einstein auch mit einer vegetarischen Ernährung, doch es fiel ihm schwer, ganz auf Fleisch zu verzichten. »Ich habe die Tierleichen immer mit etwas schlechtem Gewissen gegessen«, gestand er 1953. Zuvor hatte er bereits erklärt, mit den Zielen der Vegetarierbewegung »aus ästhetischen und moralischen Gründen« konform zu gehen: »Rein durch ihre physische Wirkung auf das menschliche Temperament würde die vegetarische Lebensweise das Schicksal der Menschheit äußerst positiv beeinflussen können.« Im Jahr vor seinem Tod hatten ihm die Ärzte den Verzehr von Fleisch, Fisch und Fett untersagt, was ihn zu folgender Bemerkung verleitete: »Fast scheint mir, dass der Mensch gar nicht zum Raubtier geboren ist.«

Auch dem Alkohol war Einstein nicht übermäßig zugeneigt. Das zeigt schon die Antwort auf die Frage, wie er zu der Prohibition zwischen 1920 und 1933 in den USA stand: »Ich trinke nicht, also ist mir das ganz gleich.« Trotz seiner Gesundheitsprobleme war er jedoch kein Abstinenzler. Wenn er trank, griff er am liebsten zu Wein und Cognac. Angesichts der Vielzahl an gesellschaftlichen Verpflichtungen, zu denen er gebeten wurde, war es vielleicht aber auch ganz gut, dass er an den Gläsern, die ihm ständig in die Hand gedrückt wurden, bestenfalls nippte.

Think big

Wie auch Sokrates wusste er, dass wir nichts wissen.

MAX BORN, 1955
in einer Rede nach Einsteins Tod

Andere hätten sich nach der Entdeckung der speziellen Relativitätstheorie auf ihren Lorbeeren ausgeruht und ihren Ruhm genossen, Einstein hingegen schlug den entgegengesetzten Weg ein. Keine zwei Jahre, nachdem er ein derart umwälzendes Papier vorgelegt hatte, richtete er seine Aufmerksamkeit auf ein noch komplexeres Problem. So etwas wie Grenzen des menschlichen Wissens gab es für Einstein nicht und das ist eine seiner bedeutendsten Charaktereigenschaften. Er weigerte sich schlichtweg, derartige Einschränkungen zu akzeptieren, und stellte sich deshalb immer wieder neuen Herausforderungen.

Der Rest der Welt versuchte gerade noch, Einsteins Gedankengänge nachzuvollziehen und sich einen Eindruck davon zu verschaffen, welche Folgen die spezielle Relativitätstheorie mit sich brachte, da war Einstein schon dabei, sich wie ein Besessener mit den Schwachstellen der Theorie zu befassen. Unglücklich war er vor allem damit, dass sie nur bei Bewegungen gleichbleibender Geschwindigkeit galt. Zudem beruhte das Newtonsche Universum auf der Vorstellung, dass Schwerkraft eine unmittelbare Kraft ist, aber Einstein wurde klar, dass das nicht stimmen konnte, schließlich hatte er bewiesen, dass sich nichts schneller als Licht bewegen konnte.

Sein erster großer Durchbruch gelang ihm mit einer uns mittlerweile vertrauten Methode – dem Gedankenexperiment. Bei diesem ging es darum, was ein Mensch fühlen würde, der sich in einem geschlossenen Raum, etwa einer Fahrstuhlkabine, im freien Fall befindet. Es sollte jedoch noch acht zähe Jahre dauern, bis er die allgemeine Relativitätstheorie fertiggestellt hatte – eine Zeit, während der er nach eigenem Bekunden »schauderhaft angestrengt« gearbeitet hat.

Eines der Hauptprobleme bestand darin, dass für seine Theorie eine neue Art von Mathematik erforderlich war. So brauchte er eine Form der Geometrie, die über das hinausging, was Euklid formuliert hatte, und die wir in Grundzügen in der Schule lernen. Diese Geometrie ist perfekt dafür geeignet, eine dreidimensionale Welt zu beschreiben, aber für Einsteins Vorhaben reichte das schlichtweg nicht aus. Also wandte er sich an Marcel Grossmann seinen alten Züricher Studienkollegen und mittlerweile Professor für Darstellende Geometrie an ebenjener Einrichtung. »Grossmann, hilf mir, sonst werd' ich verrückt!«, flehte er ihn an. Grossmann erwies sich als Einsteins Retter. Er steuerte ihn durch komplexeste mathematische Berechnungen und führte ihn zu den nicht-euklidischen Berechnungen von Bernhard Riemann. Dieser hatte Systeme entwickelt, wie sich die Entfernungen zwischen Punkten im Raum berechnen lassen, und zwar unabhängig davon, wie stark der Raum verzerrt ist. Auch die Überlegungen des Italieners Gregorio Ricci-Curbastro halfen entscheidend zur Entwicklung neuer Tensoren bei (das sind hoch komplexe mathematische Gebilde, die sich in multidimensionalen Räumen verwenden lassen).

Ende 1915 sah sich Einstein am Ziel: Er hatte seine Theorie überarbeitet und konnte sie mit entsprechenden mathematischen Berechnungen unterfüttern. Im Rahmen von vier Vorlesungen stellte er »den wertvollsten Fund, den ich in meinem Leben gemacht habe« vor. Vier Jahre später ließen sich seine Postulate erstmals beobachtbar beweisen und über Nacht wurde aus Einstein, der in Forscherkreisen bekannten Person, Einstein der globale Superstar, dessen Name sogar noch in Haushalten fiel, die mit Wissenschaft nichts weiter am Hut hatten.

Einstein wurde weltberühmt, auch wenn die überwältigende Mehrheit der Menschen das, was er entdeckt hatte, nicht einmal im Ansatz verstand. Für welche Verwirrung die Relativitätstheorie sorgte, fasste Chaim Weizmann hervorragend zusammen, als er schilderte, wie er und Einstein 1921 von Europa in die USA fuhren: »Auf der Überfahrt hat mir Einstein täglich seine Theorie erklärt, und bei der Ankunft war ich überzeugt, dass er sie verstanden hat.«

Die mathematischen Berechnungen und der wissenschaftliche Diskurs waren den meisten Menschen zu hoch, aber die grundlegenden Auswirkungen waren leichter zu begreifen. Einstein, der seit jeher über eine gewisse populistische Ader verfügte, wusste das nur zu gut. In dem Jahr, in dem er mit Weizmann den Atlantik überquerte, unterhielt er sich mit der *New York Times* über Relativität:

Der praktische Mensch muss sich nicht sorgen … Aus philosophischer Sicht hingegen ist es wichtig, denn Relativität verändert die Wahrnehmungen von Raum und Zeit, die für philosophische Spekulationen und Ideen erforderlich sind.

Es gab auch Zeiten, in denen Einstein die Relativitätstheorie – oder zumindest die Fragen, die sie aufwarf, und die Aufmerksamkeit, mit der er ihretwegen überschüttet wurde – als ziemliche Belastung empfand. Sechs Jahre nach Veröffentli-

chung der Theorie schrieb er Elsa: »Jetzt wächst mir aber die
Relativität bald zum Hals heraus! Auch so was verblasst,
wenn man zu viel damit zu tun hat.« Aber es konnte ja auch
niemand ernsthaft glauben, dass eine derart bahnbrechende
Errungenschaft nicht den Rest seines Lebens überschatten
würde. Schließlich hatte nie jemand behauptet, dass es große
Denker einfach haben würden.

Letzten Endes hatte Einstein die »Harmonie des Weltalls«
besser begreifen wollen und genau das ist ihm gelungen.
1919 veröffentlichte *The Times* einen Artikel unter der Überschrift *Was ist die Relativitätstheorie?*, in dem seine Leistungen wie folgt zusammengefasst wurden: »Seine klaren und
umfassenden Ideen werden für alle Zeit ihre einzigartige Bedeutung als die Grundlage unserer gesamten modernen Be-
griffsstruktur im Bereich der Naturphilosophie bewahren.«
Ein fürwahr hohes Lob.

Die allgemeine Relativitätstheorie

*Gegen dies Problem ist die ursprüngliche
Relativitätstheorie eine Kinderei!*

ALBERT EINSTEIN, 1912

Ständig wurde Einstein gebeten, die Relativitätstheorie in
einem Satz zusammenfassen. Vor allem die Journalisten
drängten ihn wieder und wieder. Einmal platzte ihm der
Kragen: »Mein Leben lang habe ich versucht, sie in einem
Buch zusammenzufassen und da kommt er daher und

will sie in einem einzigen Satz.« Dennoch versuchte er es: »Eine Theorie zu Raum und Zeit, soweit es die Physik anbelangt, die zu einer Theorie der Schwerkraft führt.« Es gibt sicherlich schlechtere Zusammenfassungen.

Ab 1907 war Einstein sehr in die Schwächen vertieft, die er in seiner speziellen Relativitätstheorie sah. Seine Gedanken kreisten um das Ganze und das Universelle, weniger um Gesetze, die nur unter bestimmten Bedingungen galten. Wie bereits erwähnt, begann er mit der Idee einer Person herumzuspielen, die sich in einem geschlossenen Behältnis im freien Fall befindet. Wie ihm der Durchbruch gelang, legte er 1922 auf einer Vorlesung in Japan so dar:

Ich saß im Patentamt in Bern, als mir plötzlich ein Gedanke durch den Kopf schoss: Befindet sich eine Person im freien Fall, spürt sie ihr eigenes Gewicht nicht. Ich war verblüfft. Dieser einfache Gedanke hinterließ einen tiefen Eindruck bei mir. Er trieb mich in Richtung einer Gravitationstheorie.

Folgendes Szenario: Eine Person rast im freien Fall in einem Fahrstuhl auf die Erde zu. Sie triebe sozusagen schwerelos innerhalb der Kabine und wenn sie sich die Uhr abstreifte, würde auch diese schwerelos treiben. Für die Person würde es sich anfühlen, als ob sie in einem Fahrstuhl sei, der noch bewegungslos in Schwerelosigkeit verharrt. Genauso gilt: Wenn der Fahrstuhl frei von Schwerkraft durch den Raum jagte, würde der Passagier in der Kabine auf den Boden gedrückt, ganz so, wie es im Falle von Schwerkraft wäre. Traditionell galten Schwerkraft und Beschleunigung als unterschiedliche Phänomene, auch wenn sie beide im Zusammenhang mit Masse stehen. Einsteins große Erkenntnis bestand darin, dass schwere und träge Massen identisch sind. Er nannte es das »Äquivalenzprinzip«. Von dieser Schlussfolgerung ausgehend, verfügte Einstein nun theoretisch über die Werkzeuge, die er benötigte, um die spezielle Relativitätstheorie so weit auszuweiten, dass sie auch für beschleunigte Systeme galt und nicht nur für Fälle gleichbleibender Geschwindigkeit.

Das Fahrstuhl-Gedankenexperiment zeigte zudem, dass die Schwerkraft das Licht krümmt. Wenn man in den im freien Fall befindlichen Fahrstuhl ein Loch bohrte, träfe ein Lichtstrahl die gegenüberliegende Wand nicht auf der Höhe, auf der er in den Fahrstuhl eingetreten ist, sondern auf einer höheren Stelle – das Licht wurde gekrümmt. Das bedeutete, dass Licht sich nicht, wie bislang angenommen, immer in geraden Linien fortbewegt. Das wiederum erforderte ein neues geometrisches System, denn die euklidische Geometrie eignet sich hervorragend für glatte Oberflächen, reicht jedoch nicht aus, wenn man es mit Krümmungen zu tun hat.

Die allgemeine Relativitätstheorie beschreibt, wie Schwerkraft Raum und Zeit krümmt. Dass Einstein so viel Zeit benötigte, um seine Theorie fertigzustellen, liegt daran, dass es das notwendige mathematische Fundament noch nicht gab. Einstein musste erklären können, wie sich Schwerkraft auf Materie auswirkt und wie Materie innerhalb der Raumzeit Schwerkraft bewirkt. Um die Wirkungsweise der Schwerkraft zu verdeutlichen, stelle man sich folgendes Bild vor: Eine Bowlingkugel wird auf ein Trampolin gerollt. Der Stoff des Trampolins biegt sich, während die Kugel darüber rollt und schließlich zur Ruhe kommt. Nun kommt eine zweite Kugel ins Spiel. Auch sie rollt über das Trampolin und kommt schließlich neben der ersten Kugel zum Liegen. Aber warum? Übt die erste Kugel eine geheimnisvolle Kraft aus und zieht die zweite in ihren Bann? Nein, die beiden Kugeln liegen nebeneinander, weil der Stoff des Trampolins verzerrt ist. Die allgemeine Relativitätstheorie erläutert die Feldgleichungen, die beschreiben, wie mehr oder weniger dasselbe in der Raumzeit geschieht. Eigentlich ganz einfach, oder?

Newton beschrieb das Universum kurz gesagt so: Schwerkraft übt Anziehungskraft aus, deshalb fällt ein Apfel vom Baum auf den Boden. Einstein wiederum definierte Schwerkraft neu als Krümmung von Raumzeit. Seinem jüngeren Sohn Eduard erklärte er seinen Geniestreich wie folgt: »Wenn ein blinder Käfer über die Oberfläche einer Kugel krabbelt, merkt er nicht, dass der Weg, den er zurücklegt, gekrümmt ist. Ich hingegen hatte das Glück, es zu merken.«

In *Kosmologische Betrachtungen zur allgemeinen Relativitätstheorie* skizzierte Einstein 1917 ein Universum, das gleichzeitig endlich und grenzenlos war, was durch die Vorstellung erreicht wird, dass es endlos gekrümmt ist. Die Relativitätstheorie lässt unzählige Schlüsse zu. So gab sie uns ein erstes Verständnis vom Phänomen der Schwarzen Löcher (wenngleich Einstein damals von deren Existenz noch nicht überzeugt war) und der Wurmlöcher. Sie lud auch zu Spekulationen darüber ein, wie der Urknall zustande gekommen ist.

Der Weg dorthin war allerdings immer wieder sehr mühsam. »Die Natur verbirgt ihr Geheimnis durch die Erhabenheit des Wesens, aber nicht durch List«, behauptete Einstein in einem seiner philosophischen Augenblicke, aber ab und an wird er sich gefühlt haben, als hätte sich die ganze Welt gegen ihn verschworen. So hatte er beispielsweise schon 1911 die Theorie aufgestellt, dass die Schwerkraft der Sonne das Licht der Sterne krümmen könne. Mangels Sonnenfinsternis konnte dies jedoch niemand beweisen. Die nächste Sonnenfinsternis fand am 21. August 1914 statt, doch der Ausbruch des Ersten Weltkriegs ließ andere Themen wichtiger werden. So verging die Gelegenheit, Einsteins These auf die Probe zu stellen, und es sollte fünf weitere Jahre dauern, bis sich die nächste Möglichkeit eröffnete. (1919 reisten Forscher unter Führung des britischen Astronomen Arthur Stanley Eddington auf die westafrikanische Insel Príncipe, wo sich zu dem Zeitpunkt eine Sonnenfinsternis ereignete. Mit ihren Beobachtungen bestätigten sie Einstein.)

Auch als um ihn herum in Europa der Krieg tobte, verminderte Einstein sein Arbeitspensum nicht. Während er 1914 mit dem Äquivalenzprinzip rang, schrieb er Heinrich Zangger: »Die Natur zeigt uns von dem Löwen zwar nur den Schwanz. Aber es ist mir unzweifelhaft, dass der Löwe dazu gehört, wenn er sich auch wegen seiner ungeheuren Dimensionen dem Blicke nicht unmittelbar offenbaren kann. Wir sehen ihn nur wie eine Laus, die auf ihm sitzt.«

Ende 1915 war es endlich so weit: Er hatte das Geheimnis der allgemeinen Relativitätstheorie entschlüsselt und er war dem komplexen Verhältnis zwischen Raum, Zeit, Energie und Materie auf die Schliche gekommen. Die Theorie sei »von unglaublicher Schönheit«, erklärte Einstein. Im Universum nach Newton waren Zeit und Raum starr und die Schwerkraft eine nahezu mystische Anziehungskraft, die völlig eigenständig von Raum und Zeit agierte. In Einsteins Universum verändern Raum und Zeit die Schwerkraft und die Schwerkraft verändert Zeit und Raum. So übt die Schwerkraft ihren eigenen Einfluss auf die Objekte und Ereignisse aus, die sich innerhalb ihres Einflussbereichs aufhalten. Max Born schrieb: »Die Aufstellung der allgemeinen Relativitätstheorie erschien mir damals und erscheint mir auch heute noch als die größte Leistung menschlichen Denkens über die Natur, die erstaunlichste Vereinigung von philosophischer Tiefe, physikalischer Intuition und mathematischer Kunst.«

Seien Sie Ihr größter Fan

Der Nobelpreis würde Dir – im Falle der Scheidung
und für den Fall, dass er mir zuteil wird – a priori
vollständig abgetreten.

ALBERT EINSTEIN, 1918
an Mileva Marić

D ie Hartnäckigkeit, die er bei seiner Arbeit an der allgemeinen Relativitätstheorie an den Tag legte, zeigt, dass
Einstein imstande war, mit Schwierigkeiten und Rückschlägen fertig zu werden und enorme innere Stärke an den Tag zu
legen. Die instinktive Überzeugung, mit seinen Ideen auf
dem richtigen Weg zu sein, war ihm eine unbezahlbare Hilfe
in dieser Hinsicht.

Wenig spricht dafür, dass Einstein irgendwann von schweren Selbstzweifeln geplagt wurde. Von Kindesbeinen an hatte
er keinerlei Probleme damit, sich seinen eigenen Weg durchs
Leben zu bahnen, seine selbst gewählten Interessen zu verfolgen und vollmundige Absichtserklärungen abzugeben. In diesem Zusammenhang ist auch seine Entscheidung zu sehen, als
junger Mann wenige Monate vor seinem 17. Geburtstag seine
deutsche Staatsbürgerschaft aufzugeben. Als Erwachsener baute er gesunde Beziehungen zu einer großen Palette an Freunden und Kollegen auf und wie wir gesehen haben, hatte er zum
Leidwesen seiner jeweiligen Partnerinnen im Umgang mit
dem anderen Geschlecht keinerlei Berührungsängste.

Mit welchem Draufgängertum Einstein sein Leben an-
packte, zeigt sich wohl kaum so auffällig wie bei dem diesem
Kapitel vorangestellten Zitat. Er machte Mileva 1918 ebendie-
ses Angebot, nachdem sie ihm jahrelang die Scheidung ver-

weigert hatte – dass er es trotzdem weiter versuchte, spricht dafür, wie viel ihm an einer offiziellen Trennung lag. Im Februar 1919 wurde die Trennung offiziell, 1922 konnte Mileva Zahlungseingang vermelden. Rückblickend lässt sich natürlich sagen, dass es ein Hohn gewesen wäre, Einstein beim Nobelpreis zu übergehen. Dennoch gab es zuvor – und auch seitdem – wohl kaum Kandidaten, die sich ihrer Gewinnchancen so sicher gewesen sind, dass sie die Auszeichnung bereits im Vorfeld derart unverfroren verplanten.

Aber trotz allem: Während Einstein die Grenzen des menschlichen Wissens vorantrieb, wurde er immer wieder von Seelenqualen heimgesucht. Welchen Schmerz und welche Ekstase ihm seine Arbeit bereitete, erläuterte er 1933 bei einer Vorlesung an der Universität Glasgow:

Jahrelang sucht man ungeduldig im Dunkel nach einer Wahrheit, die man zwar spürt, aber nicht auszudrücken vermag. Das Verlangen brennt, Zuversicht und Bedenken wechseln einander ab, bis man schließlich zu Klarheit und Einsicht gelangt. All das kann nur derjenige verstehen, der es erfahren hat.

Dass er als theoretischer Physiker so erfolgreich war, hing in nicht geringem Ausmaße von seiner Bereitschaft ab, sich auch dann noch durchzubeißen, wenn andere angesichts von Rückschlägen und Enttäuschungen vom Kurs abgekommen waren. Das bedeutete allerdings auch nicht, dass er stur an seiner einmal eingeschlagenen Richtung festhielt und diesen Weg selbst dann noch weiterging, als alle Beweise längst in eine andere Richtung wiesen. Einstein akzeptierte, dass er Fehler machen würde (wer an den Grenzen des menschlichen Wissens agiert, für den ist so etwas unvermeidlich), aber noch wichtiger war, dass er bereit war, aus seinen Fehlern zu lernen, ganz egal, ob es bedeutete, kleinere Änderungen vorzunehmen oder alles über Bord zu werfen und ganz am Anfang wieder anzufangen.

Genau das war in den knapp zehn Jahren der Fall, in denen sich Einstein der allgemeinen Relativitätstheorie zuwandte und der endgültigen Veröffentlichung. In dieser Zeit musste er völlig neue mathematische Systeme erforschen – und wie wir wissen, lag ihm die Mathematik ja nicht immer –, doch auch wenn sich ein Ansatz als Sackgasse erwies, verlor er nicht den Mut, sondern unternahm einen neuen Anlauf.

Einstein war sich zwar nicht zu schade, um Hilfe zu bitten, aber vieles spricht dafür, dass er auch deshalb so lange vermeintlich unkonventionellen Ideen nachhing, weil er so häufig allein arbeitete. Möglicherweise bewahrte sich Einstein auf diese Weise die Zuversicht, dass seine Grundannahmen stimmten – es fehlten die Bedenkenträger, die die Saat des Zweifels in ihm legen konnten. Erforderte es allerdings die Situation, hatte er keinerlei Probleme damit, sich an Menschen zu wenden, die ihm bei seiner Arbeit weiterhelfen konnten. 1915 beispielsweise gelangte er zu der Übersetzung, dass die Gleichungen, mit denen er arbeitete, fehlerhaft seien oder er sie falsch anwende. »Ich glaube nicht, dass ich selbst imstande bin, den Fehler zu finden, da mein Geist in dieser Sache zu ausgefahrene Geleise hat«, schrieb er Erwin Freundlich.

Darüber hinaus hatte Einstein nicht nur mit seinen eigenen Dämonen zu kämpfen. Im Zuge seiner wachsenden Berühmtheit bombardierten ihn Medien und Öffentlichkeit mit Fragen und Kritik, obwohl sie die tatsächlichen Auswirkungen seiner Arbeit zumeist gar nicht überblicken konnten.

1919 etwa hieß es in einer Kolumne in der *New York Times* (die ihm auf lange Sicht sehr positiv gegenüber stand), die Relativitätstheorie verfüge über das Potenzial, die Grundlagen des menschlichen Denkens zu untergraben. Dann waren da noch die Kritiker, die – oftmals aus ideologischen Gründen – seine Aussagen vorsätzlich falsch darstellten. Und schließlich gab es natürlich auch noch die Wissenschaftsgemeinde, die Einsteins Thesen auf den Prüfstand stellte. Manche trieb die echte Neugier des Forschers an, bei anderen dürfte die Motivation eher darin bestanden haben, einem beruflichen Konkurrenten an den Karren zu fahren.

Die härteste Belastungsprobe für Einsteins Entschlossenheit dürfte die Zeit nach der Veröffentlichung der allgemeinen Relativitätstheorie gewesen sein, als er sich auf die Suche nach einer Einheitlichen Feldtheorie begab. Bei diesem Vorhaben mangelte es ihm an dem Elan, den er bei früheren Unterfangen an den Tag gelegt hatte, dennoch blieb er am Ball und widmete sich der Forschung, die seinem Gefühl zufolge am ehesten zum Durchbruch führen würde.

Bei alledem war Einstein niemand, der sich unter Wert verkaufte. In seinem Beruf stand nie das Streben nach materiellen Reichtümern an allererster Stelle, aber er lebte auch gerne ein bequemes Leben und war sich nicht zu schade, für seine Dienste anständige Bezahlungen einzufordern, sei es bei einer Professur oder als Vortragsredner. Nachdem seine berufliche Laufbahn dermaßen problembeladen gestartet war, wird es ihm wohl niemand verdenken, dass ihm ein gewisses Maß an Sicherheit wichtig war.

Allerdings blieb auch Einsteins Selbstsicherheit nicht immer völlig intakt. 1917 beispielsweise wandte er die allgemeine

Relativitätstheorie auf das Universum insgesamt an und entwickelte dabei eine »kosmologische Konstante«. Diese werde erklären helfen, warum das Weltall nicht in einen kleinen Klumpen immenser Dichte zusammengefallen sei, erklärte er. Später zog er diese Theorie zurück und bezeichnete sie die »größte Eselei« seines Lebens. Heute dagegen ist die Konstante wieder sehr in Mode und gilt als mächtiges Werkzeug bei den Bemühungen, die Ausdehnung des Universums zu begreifen. Nun ja, selbst ein Genie darf mal etwas ins Schleudern geraten. Das zeigt nur, dass die Fehler mancher Menschen wichtiger sind als die größten Errungenschaften anderer.

Der Nobelpreis

Einstein überragt seine Mitmenschen
so wie einstmals Newton.

ARTHUR STANLEY EDDINGTON

Die Geschichte, wie Einstein zu seinem Nobelpreis kam, birgt einige Überraschungen und lässt die Wissenschaftsgemeinde auch nicht immer im besten Licht dastehen. Aber sie zeigt sehr gut auf, wie umwälzend Einsteins Arbeit war und mit welch merkwürdigen Problemen er sich plagen musste. Das geht hin bis zu dem Widerstand, der einzig auf dem Umstand beruht, dass Einstein Jude war.

1921 fiel die Wahl für den Nobelpreis für Physik auf Einstein, aber die Übergabe fand erst 1922 statt. Der

Grund hierfür war, dass der Nobelpreis-Ausschuss 1921 befand, keiner der Nominierten erfülle die Kriterien, die Alfred Nobel in seinem Testament vorgegeben hatte. Warum also die Verzögerung? Einstein war 1921 – wie zu erwarten – für seine Arbeit an der Relativitätstheorie nominiert, aber das Komitee konnte sich nicht einigen, ob seine Theorie gemäß der Nobelpreis-Regeln als Entdeckung oder als Erfindung zu verbuchen sei. Einige Mitglieder argumentierten vehement, es fehle der Theorie an ausreichenden experimentellen Nachweisen, deshalb handele es sich um ein Gesetz, das entdeckt wurde, und nicht um eine Theorie, die aufgestellt wurde. Auch die Beobachtungen, die Eddington zwei Jahre zuvor während einer Sonnenfinsternis gemacht hatte und die gemeinhin als Beweis für die Gültigkeit von Einsteins These galten, änderten daran nichts.

Schon 1910 hatte Wilhelm Ostwald von der Universität Leipzig Einstein für den Nobelpreis vorgeschlagen. Ostwald selbst war im Vorjahr mit dem Preis ausgezeichnet worden. Dass er nun Einstein vorschlug, war nicht zuletzt auch deshalb bemerkenswert, weil sich Einstein zehn Jahre zuvor auch direkt an Ostwald mit der Bitte um Anstellung gewandt hatte und damals nicht einmal eine Antwort erhielt. (Ostwald gebührt ein Sonderlob dafür, erkannt zu haben, dass er den jungen Forscher damals zu rasch abgelehnt hatte.) Zwölf Jahre später konnte das Nobelpreis-Komitee den Mann, der zu diesem Zeitpunkt der berühmteste lebende Forscher war, einfach nicht mehr ignorieren. Wie würde es in 50 Jahren aussehen, wenn man weiter über Einstein hinwegsehe, argumentierte der Franzose Marcel Billouin, der Einstein 1922 vorgeschlagen hatte. Da man erkannte, welchen Schaden der Name Nobel nehmen würde, vereinbarte man einen Kompromiss.

Carl Wilhelm Oseen, seit 1922 neu im Komitee, konnte die Pattsituation durchbrechen. Das Lager, das Einstein den Preis verweigern wollte, wurde von den Zweiflern an der Existenz der Relativität angeführt, also nahm Oseen die Relativität aus der Gleichung. Sein Vorschlag: Einstein solle den Preis erhalten für »seine Verdienste um die theoretische Physik, besonders für seine Entdeckung des Gesetzes des photoelektrischen Effekts«. Insofern hat Einstein nie einen Nobelpreis für seine allgemeine Relativitätstheorie erhalten, sondern für *Über einen die Erzeugung und Verwandlung des Lichtes betreffenden heuristischen Gesichtspunkt*, die erste seiner 1905 veröffentlichten Arbeiten.

Auch diese Entscheidung war nicht bar jeglicher Ironie, da Einstein hier sehr viel Philipp Lenard verdankte. Der in Österreich-Ungarn geborene Physiker war ebenfalls Nobelpreisträger und möglicherweise der lautstärkste Gegner jener, die Einstein die Auszeichnung zusprechen wollten. Größtenteils hängt dies mit Lenards Antisemitismus zusammen. Auf Veranstaltungen kritisierte er Einstein und dessen »jüdische Physik« vehement. Als Einstein 1922 der Nobelpreis zugesprochen wurde, erhielt der Ausschuss ein einziges Protestschreiben. Absender: Lenard.

Es ist verständlich, dass Einstein den ganzen Hickhack im Vorfeld der Preisvergabe mürbe gemacht hatte. Er blieb der Preisverleihung selbst fern, weil er zu diesem Zeitpunkt in Japan auf Vortragsreise war. Was Einstein allerdings nicht vergaß, war die Klausel in seiner Scheidungsvereinbarung: Brav überwies er seiner Ex-Frau Mileva 121 572 schwedische Kronen. Von dem Geld kaufte sie drei Häuser in Zürich.

Schwimmen Sie gegen den Strom

*Als das eigentlich Wertvolle im menschlichen Getriebe
empfinde ich nicht den Staat, sondern das schöpferische und
fühlende Individuum, die Persönlichkeit: Sie allein schafft
das Edle und Sublime, während die Herde als solche
stumpf im Denken und stumpf im Fühlen bleibt.*

ALBERT EINSTEIN
in *Wie ich die Welt sehe*, 1931

Einstein stand meistens nicht der Sinn danach, von der
breiten Masse akzeptiert zu werden. Entsprechend stand
er oftmals eher isoliert da, was ihn aber scheinbar nicht sonderlich störte. Tatsächlich schien er sich als Außenseiter wohler zu fühlen – eine Eigenschaft, die erklärt, warum er sich so
sehr auf sein Bauchgefühl verließ und sich von seiner Intuition
in Richtungen tragen ließ, die der allgemein vorherrschenden
Meinung zuwiderliefen. Er sei ein »unverbesserlicher Non-
konformist«, sagte er 1953 auf sein Leben zurückblickend.

Dieser Charakterzug machte sich sehr früh bemerkbar.
Schon seine Lehrer in der Schule und seine Dozenten während des Studiums hatten regelmäßig alle Hände voll mit ihm
zu tun, wenn Einstein gegen die Zwänge der Schulbildung
aufbegehrte. Sein Glaube an die Überlegenheit des Individuums führte dazu, dass er sich an allen Ausprägungen der In-
stitutionalisierung stieß, seien es Schulen, politische Par-
teien, Nationalstaaten oder etablierte Religionen.

Seine berufliche Karriere basierte darauf, dass er sich
furchtlos über die überkommene wissenschaftliche Denkweise hinwegsetzte. Selbst im Privaten wählte er sich Begleiter, die sich wenig um die Erwartungen anderer scherten. In

dem Film *Der Wilde* von 1953 fragt eine junge Frau Marlon Brando: »Gegen was rebellierst du?« Seine großartige Antwort: »Was schlägst du vor?« Einstein dürfte verstanden haben, wie sich Brando fühlte.

Hatte er allerdings das Gefühl, einen Fehler begangen zu haben, bremste Einstein seine Neigung, einfach seinen eigenen Weg weiterzugehen. Dann war er auch bereit, umzukehren und die Situation völlig neu zu bewerten. Ihm ging es nicht speziell darum, traditionelle Denkweisen zu widerlegen, er folgte einfach seinen Gedankengängen, ganz gleich wohin sie ihn führten und ob sie sich an akzeptierte Normen hielten oder eben nicht. Tauchten neue Beweise auf, die es erforderten, dass er seine bisherige Meinung überdenken musste, tat er das auch. Er war in erster Linie Wissenschaftler und als solcher sah er es keineswegs als Schande an, auf neue Fakten zu reagieren und seinen Kurs zu ändern.

Einstein schwamm häufig gegen den Strom. Das liegt daran, dass er auf der Suche nach Wahrheit und Ordnung ständig fragte und hinterfragte. Insofern war er wie praktisch jeder Forscher erstaunlich konventionell, denn sein Hauptanliegen war es, die Regeln zu erkennen, die alles bestimmen. Nach Einsteins Tod erinnerte sich der Journalist William Miller an folgende Aussage Einsteins:

Wichtig ist, dass man nicht aufhört zu fragen. Neugier hat ihren eigenen Seinsgrund. Man kann nicht anders, als die Geheimnisse von Ewigkeit, Leben oder die wunderbare Struktur der Wirklichkeit ehrfurchtsvoll zu bestaunen. Es genügt, wenn man versucht, an jedem Tag lediglich ein wenig von diesem Geheimnis zu fassen.

Einsteins Kampf mit der Quantenmechanik

Ich muss wie ein Vogel Strauß erscheinen,
der seinen Kopf dauernd in den relativistischen
Sand steckt, damit er den bösen Quanten
nicht ins Auge sehen muss.

ALBERT EINSTEIN, 1954
an Louis de Broglie

Sucht man nach Belegen für Einsteins Neigung, sich gegen vorherrschende Trends zu stellen, gibt es kaum ein besseres Beispiel als Einsteins Verhältnis zur Quantenmechanik. Sie ist wohl der größte Widerspruch im Leben Einsteins – einerseits lieferte er die Vorlage zu der Revolution, die die Quantenmechanik auslöste, andererseits verbrachte er Jahrzehnte damit, Argumente gegen sie vorzubringen.

Einsteins 1905 veröffentlichtes Werk zu Lichtquanten gab Max Planck und anderen Forschern die nötigen Beweise, um die Quantenmechanik zu entwickeln. Bei der Quantenmechanik geht es um das Verhalten von Materie und Energie auf atomarer und subatomarer Ebene. Als Schlüssel zur Quantenmechanik dient die Erkenntnis, dass Materie gleichzeitig Partikel und Welle sein kann. Dieser sogenannte Welle-Teilchen-Dualismus galt, bis Einstein kam, als undenkbar.

Die Wissenschaft hinter dieser Erkenntnis ist verblüffend, verblasst jedoch hinter den Auswirkungen, die diese Erkenntnis mit sich brachte. Selbst Einstein tat sich schwer damit, zu begreifen, was das nun alles bedeutete. Jahrelang forschten Heerscharen von Wissenschaftlern aus aller Welt und in den 1920er- und 1930er-Jahren schälte sich ein Konsens heraus, der Einstein allerdings größtenteils beunruhigte.

Einstein hatte eine zentrale Rolle dabei gespielt, das Phänomen der Lichtquanten fassbar zu machen, und er wusste, dass sich hier ein neues Forschungsfeld herausbildete. Die Quantenphysik werde die nächste Phase der theoretischen Physik dominieren, sagte er 1909 auf einer Tagung in Salzburg. 1911 fand dann in Brüssel die berühmte Solvay-Konferenz statt, die als wegweisender Moment in der Entwicklung der Quantentheorie gilt. Zu diesem Zeitpunkt schwang bei Einsteins Aussagen bereits ein gewisses Maß an Zynismus mit, obwohl viele seiner Kollegen sich begeistert auf das neue Wissen stürzten. »Je mehr Erfolge die Quantentheorie hat, desto dümmer sieht sie aus«, schrieb er im darauffolgenden Jahr an Heinrich Zangger.

Er wollte feste Regeln, die die Realitäten des Universums darlegten, aber die Quantentheorie schien alle Vorgaben über Bord werfen zu wollen, schließlich gehört zu den zentralen Grundlehren die Heisenbergsche Unschärferelation. Einstein glaubte an eine deterministische Welt, in der nichts ohne einen Grund geschieht. Doch nach der in der Quantenmechanik vorherrschenden Ansicht regieren Ungewissheit und Zufall die Welt, objektive Realität gibt es nicht. Einsteins berühmte

Antwort darauf lautete, dass Gott nicht würfele. Einstein solle aufhören, Gott vorzuschreiben, was er zu tun und zu lassen habe, konterte daraufhin nicht ganz ernst gemeint Niels Bohr, Sprachrohr der einflussreichen Kopenhagener Deutung der Quantenmechanik. Einstein und Bohr brachten einander beruflich wie privat viel Respekt entgegen. Sie führten langwierige Diskussionen über das Reich der Quanten – ein Austausch, der inzwischen gemeinhin als Höhepunkt der wissenschaftlichen Debatten gilt.

Sehr skeptisch stand Einstein der Art und Weise gegenüber, wie die Quantenmechanik den unmittelbar auch über größere Entfernungen hinweg erfolgenden Austausch zwischen Teilchen beschreibt. Einstein sprach von »spukhafter Fernwirkung«, weil es keine bekannte Methode gab, wie die Teilchen »kommunizieren« könnten. »Der Gedanke, dass ein in einem Strahl ausgesetztes Elektron aus freiem Entschluss den Augenblick und die Richtung wählt, in der es fortspringen will, ist mir unerträglich«, schrieb Einstein 1924 an Max Born. »Wenn schon, dann möchte ich lieber Schuster oder gar Angestellter in einer Spielbank sein als Physiker.«

Für grundlegend falsch hielt Einstein die Quantenmechanik nicht, seiner Meinung nach war sie vielmehr unvollständig. Seine Arbeit von 1905 zu Quanten hatte er als »heuristisch« bezeichnet und dasselbe galt seiner Meinung nach für die Quantenphysik insgesamt. 1926 formulierte er es gegenüber Max Born so: »Die Quantenmechanik ist sehr achtunggebietend. Aber eine innere Stimme sagt mir, dass das noch nicht der wahre Jakob ist. Die Theorie liefert viel, aber dem Geheimnis des Alten bringt sie uns kaum näher. Jedenfalls bin ich überzeugt, dass *der* nicht würfelt.« Auch als mehr und mehr experimentelle Daten für die Richtigkeit der Quantentheorie sprachen, beharrte Einstein weiter darauf, dass das letzte Wort noch nicht gesprochen sei. Entsprechend verwandte er bis zu seinem Tod viel Energie darauf, neue Ansätze und Erkenntnisse zur Quantenlehre zu hinterfragen. Jede seiner Fragen wurde aufgegriffen und auch beantwortet. Dieser extrem strenge Prüfungsprozess hatte ironischerweise nur zur Folge, dass die Quantenmechanik noch stärker wurde.

1935 wollte Einstein der aufstrebenden Quantenmechanik den Todesstoß versetzen. Das Mittel dazu war ein Artikel, den er gemeinsam mit Boris Podolsky und Nathan Rosen in *Physical Review* veröffentlichte. Im sogenannten EPR-Papier – nach Einstein, Podolsky und Rosen – fragten sich die Forscher: Kann die quantenmechanische Beschreibung der physikalischen Wirklichkeit als vollständig erachtet werden? Inhaltlich ging es um einen der größten Kritikpunkte Einsteins, nämlich die Behauptung der Quantenmechanik, dass kein Partikel eine festgelegte Position innehat, bis es beobachtet wird. Einsteins Erwiderung: »Glauben Sie wirklich, dass der Mond nicht da ist, wenn niemand hinsieht?« Das EPR-Papier enthielt Ausführungen zu einem Gedankenexperiment, das der Unschärferelation die Grundlage entziehen sollte, aber es erwies sich nicht als der finale Hieb, den sich Einstein davon erhofft hatte. Es sollte eine ganze Weile dauern, bis in den 1980er-Jahren Einsteins Argument im Experiment widerlegt wurde. Das Lager der Quanten-Anhänger hatte sich durchgesetzt – zumindest in diesem Punkt.

Den Kern des Konflikts, den Einstein mit diesem neuen Forschungszweig ausfocht, fasste er 1944 in einem Brief an Max Born treffend zusammen: »In unserer wissenschaftlichen Erwartung haben wir uns zu Antipoden entwickelt. Du glaubst an den würfelnden Gott und ich an die volle Gesetzlichkeit in einer Welt von etwas objektiv Seiendem.« Dem großen Forscher blieb nur noch das Festhalten an etwas, was letztlich ein Glaubensgrundsatz war – die Auffassung, dass es eine objektive Realität gibt.

2005 schrieb der britische theoretische Physiker und Theologe John Polkinghorne im Magazin *Science & Theology News*: »Einstein wünschte sich eine physikalische Welt, die unproblematisch objektiv und deterministisch ist, deshalb lehnte er die moderne Quantentheorie ab. Diese Haltung machte ihn weniger zum ersten Modernen als vielmehr zu einem der letzten Großen Alten.«

Think even bigger

Ich selber arbeite immer noch passioniert,
trotzdem die meisten meiner geistigen Kinder sehr jung
auf dem Friedhof der enttäuschten Hoffnungen enden.

ALBERT EINSTEIN, 1938
an Heinrich Zangger

Es lag auch an seiner wachsenden Unzufriedenheit über die Quantentheorie, dass Einstein während der letzten 30 Jahre seines Lebens vor allem an einem arbeitete – an einer Definition für das, was er »Einheitliche Feldtheorie« nannte. Als junger Mann war er der Eleganz der Maxwell-Gleichungen erlegen, nun wollte er die Gleichungen erschaffen, die die bis dato nicht zu vereinbarenden elektromagnetischen und Schwerkraftfelder miteinander verknüpfte. Mit dieser »Theorie von Allem« oder »Weltformel« würde man Gottes Gedanken lesen können, hieß es. An seinem Vorhaben war nichts auszusetzen. In seinem Nobelvortrag *Grundgedanken und Probleme der Relativitätstheorie* legte er 1923 dar, was ihm vorschwebte:

Man sucht nach einer mathematisch einheitlichen Feldtheorie, in welcher das Gravitationsfeld beziehungsweise das elektromagnetische Feld nur als verschiedene Komponenten beziehungsweise Erscheinungsformen des gleichen einheitlichen Felds aufgefasst sind, wobei die Feldgleichungen womöglich nicht mehr aus logisch voneinander unabhängigen Summanden bestehen.

Und trotzdem: Einsteins Vorhaben stand in krassem Widerspruch zu den allgemeinen wissenschaftlichen Trends. Er suchte nach Theorien, die so leicht verständlich waren, dass selbst ein Kind sie würde begreifen können. 1949 schrieb er: »Eine Theorie ist umso eindrucksvoller, je größer die Einfachheit ihrer Prämissen ist, je verschiedenartigere Dinge sie miteinander in Beziehung bringt und je umfangreicher ihr Anwendungsbereich ist.« Doch das lief der Entwicklung in der Quantenmechanik zuwider. Während Bohr, Schrödinger und andere predigten, dass wissenschaftliche Prinzipien weniger einheitlich denn je seien, versuchte Einstein, dem Universum allumfassende Regeln überzustülpen.

In der Gemeinde der Quantentheorie galt Einstein mit seinem Vorhaben vielen als veraltet. Sich gegen den Strom zu stellen, ist das eine, eigenhändig zu versuchen, den Strom aufzuhalten, ist etwas anderes. Zudem fehlte ihm das Sprungbrett der Intuition, das ihm bei seinen früheren Unternehmungen so gute Dienste geleistet hatte. Wusste er früher aus dem Bauch, in welche Richtung er springen musste, stand er nun da und ruderte mit den Armen.

Die ganze Einheitliche Feldtheorie war eigentlich kaum mehr als eine Ahnung. Entsprechend laut war an einigen Stellen die Kritik: Einstein habe sich in etwas Närrisches verrannt, hieß es, er verschwende sein enormes Talent. Nicht wenige behaupteten, das 1935 veröffentlichte EPR-Papier sei sein letzter wirklich wichtiger wissenschaftlicher Beitrag gewesen. Bohr hielt ihn schließlich für einen besseren Alchemisten, der einem wissenschaftlichen Geheimnis nachjagt, das es einfach nicht gibt. Und Schrödinger schalt ihn einen Narren, weil er nicht aufgab.

Aber es ist nicht gerecht gegenüber Einstein, ihn als senilen Tattergreis darzustellen, der wie besessen einer Fata Morgana nachjagte. Einstein wusste: Sollte es ihm gelingen, sollte er tatsächlich eine Einheitliche Feldtheorie formulieren können, wäre dies der Hauptgewinn, dagegen würden alle früheren Leistungen verblassen. Gleichzeitig wusste er sehr wohl, dass selbst er sich möglicherweise an dieser Aufgabe verhoben hatte. 1934 schrieb er, er habe sich in ziemlich hoffnungslose wissenschaftliche Probleme verrannt. Dennoch sagte ihm sein Pflichtgefühl, er solle es weiter versuchen – nicht zuletzt auch deshalb, weil ihm die allgemeine Relativitätstheorie beruflich und finanziell die Freiheit gegeben hatte, diesem Thema weiter nachjagen zu können. Er müsse nicht mehr am Wettkampf der großen Denker teilnehmen, sagte er einmal zu Paul Ehrenfest. Einstein war in einer glücklichen Lage: Er konnte Risiken eingehen, die sich andere nicht zutrauten.

In dieser Hinsicht war seine Arbeit an der Weltformel enorm mutig. Das ewige Stochern im Dunkeln forderte natürlich seinen Preis und nichts in seinem Leben hat Einstein so enttäuscht wie die Erfolglosigkeit seiner Bemühungen. Das belegt eindrucksvoll das dem Kapitel vorangestellte Zitat. 1951 schrieb er, eine Einheitliche Feldtheorie sei »nun in sich abgeschlossen«, aber das war sie nie. Nach seinem Erfolg mit der allgemeinen Relativitätstheorie trieb Einsteins enormer intellektueller Ehrgeiz ihn weiter. Bis an seine Grenzen sollte er gehen. Als ob Christoph Kolumbus nach der Entdeckung der Neuen Welt noch einen drauflegen wollte und beschloss, zu einem bis dahin unbekannten Planeten zu segeln. Einsteins Ehrgeiz verdient Bewunderung und dass er sein Ziel nicht erreicht hat, sollte seine früheren Leistungen keinesfalls schmälern.

Allerdings musste Einstein für seine Jagd einen hohen Preis bezahlen. Im Alter stand er innerhalb der Wissenschaftsgemeinde zusehends isoliert da. Auch sein Argwohn, die Quantentheorie führe in die falsche Richtung, kam ihn teuer zu stehen, als die Zeit zeigte, dass Einstein sich geirrt hatte. Nach einer Einheitlichen Feldtheorie, wie sie Einstein vorschwebte, wird heutzutage nicht ernsthaft gesucht, dennoch war seine Arbeit nicht vergebens. Vieles von seinen Erkenntnissen floss in die moderne Stringtheorie ein, den Forschungsbereich also mit der größten Erfolgsaussicht, das Einstein-Universum und das Quanten-Universum miteinander zu verbinden.

Am 25. Mai 1953 setzte Einstein einen Brief auf, der zeigt, was ihn dazu trieb, dem scheinbar Unerreichbaren nachzujagen: »Jeder Mensch muss sich seine Denkweise erhalten, ansonsten droht er sich im Irrgarten der Möglichkeiten zu verlieren.« Das Schreiben zeigt jedoch auch einen Menschen, der mit Selbstzweifeln vertraut ist: »Doch niemand kann sich sicher sein, den richtigen Weg eingeschlagen zu haben. Ich schon gar nicht.«

Das ist der Preis, den man zahlt, wenn man in ganz großen Dimensionen denkt.

Zeigen Sie Interesse an Politik

*Mein leidenschaftlicher Sinn für soziale Gerechtigkeit
und soziale Verantwortung stand stets in einem
eigentümlichen Gegensatz zu einem ausgesprochenen
Mangel an unmittelbarem Anschlussbedürfnis
an Menschen und an menschliche
Gemeinschaften.*

ALBERT EINSTEIN, 1932

Von Kindesbeinen an verfügte Einstein über ein gut ausgeprägtes politisches Bewusstsein. Das zeigt schon die Anekdote, wie all seine Klassenkameraden ans Fenster stürzten, um vorbeimarschierende Truppen zu bestaunen, während sich der kleine Albert weigerte. Als er ab 1919 immer berühmter wurde, erhielt er dadurch auch eine Plattform, von der aus er seine Weltanschauung unters Volk bringen konnte. Während sein Einfluss auf der wissenschaftlichen Bühne schwand, stieg er quasi zeitgleich zu einem Global Player der Weltpolitik auf.

Ganz einfach fiel ihm die Umstellung nicht, denn Politik war für ihn notwendigerweise etwas Zeitgebundenes, wogegen die Wissenschaft zeitlos war. Oder wie er es formulierte: »Gleichungen sind für mich wichtiger, weil die Politik für die Gegenwart ist, aber eine Gleichung etwas für die Ewigkeit.« Doch angesichts der politischen Umwälzungen, die die Welt in der ersten Hälfte des 20. Jahrhunderts durchlief, sah er es wieder und wieder als seine moralische Pflicht an, sich zu Wort zu melden. In einem Interview mit der *Neuen Zürcher Zeitung* legte er 1927 seine Gründe dar:

Natürlich bin ich kein Politiker im gewöhnlichen Sinne des Wortes; es wird wenig Gelehrte geben, die das sind. Dennoch glaube ich, dass es eine politische Idee und eine politische Aufgabe gibt, der sich niemand entziehen darf, der den Anspruch darauf erhebt, Zeitgenosse zu sein. Ich meine damit die Aufgabe, die durch den Weltkrieg so grenzenlos zerstörte Einigkeit unter den Völkern wiederherzustellen und dafür zu sorgen, dass eine bessere und aufrichtigere Verständigung zwischen den Nationen eine Wiederholung des furchtbaren Unglücks, das wir durchlebt haben, unmöglich macht. Hierbei mitzuwirken, ist meiner Überzeugung nach die Pflicht, von der keine noch so große Leistung, auf welchem Gebiet auch immer, zu entbinden vermag. (Aus: Neue Zürcher Zeitung, Sonntag, 20. November 1927: Interview mit Albert Einstein)

Seine Ansichten ruhten auf zwei Säulen: Soziale Gerechtigkeit und die Freiheit des Einzelnen. »Das Streben nach sozialer Gerechtigkeit ist das wertvollste im Leben«, erklärte er 1934. Ähnlich wie bei seiner wissenschaftlichen Arbeit ließ er auch in seine politische Haltung aktuelle Entwicklungen einfließen und überdachte seinen Standpunkt entsprechend. Wie wir noch sehen werden, führte der Aufstieg von Adolf Hitler dazu, dass Einstein seine Prinzipien grundlegend korrigierte.

Dass er in seiner Jugend eine so liberale Haltung entwickelte, hängt auch mit dem Umgang zusammen, den Einstein pflegte. Da war zum einen Jost Winteler in Aarau, zudem die Freundschaft mit Gustav Maier am Polytechnikum in Zürich, einem jüdischen Bankier und Mitgründer der »Schweizerischen Gesellschaft für ethische Kultur«, sowie mit Friedrich Adler, dem Sohn von Victor Adler, Gründer der österreichischen Sozialdemokratischen Arbeiterpartei. (Friedrich Adler erschoss 1916 in einem politischen Attentat den Ministerpräsidenten von Österreich-Ungarn Karl Graf Stürgkh.)

Als Pazifist mit ziemlichem Argwohn gegenüber zu großer Macht der Nationalstaaten empfand Einstein ein hohes, aber nicht unkritisches Maß an Sympathie für die Sache der Sozialisten. 1952 bezeichnete er Mahatma Gandhi als das »größte politische Genie unserer Zeit«. Im Mittelpunkt standen bei Einstein immer die Rechte des Einzelnen, darin bestand für ihn das Fundament des Gemeinwohls. Bei einer Rede in der Londoner Royal Albert Hall erklärte er 1933: »Nur in einer freien Gesellschaft kann der Mensch die Erfindungen tätigen und die kulturellen Werte erschaffen, die dem modernen Menschen das Leben lebenswert machen.« Auch neunzehn Jahre später hatte sich an seiner Haltung nichts geändert:

Für das Allgemeinwohl ist es wichtig, die Individualität zu fördern. Nur der Einzelne kann die neuen Ideen produzieren, die die Gemeinschaft benötigt, um sich ständig zu verbessern – und um Fruchtlosigkeit und Verknöcherung zu vermeiden.

Passend dazu trat er auch vehement für Bürgerrechte ein. Nach seinem Umzug in die USA brachte ihn das gelegentlich auf Kollisionskurs zu seinen Mitmenschen. Sehr offensiv kritisierte er Rassismus. 1948 sagte er dem *Cheyney Record*, der Studentenzeitung eines Colleges für Schwarze in Pennsylvania:

Rassenvorurteile gehören einer Tradition an, die durch die Geschichte bedingt von einer Generation an die nächste weitergereicht werden, ohne hinterfragt zu werden. Das einzige, was dagegen hilft, sind Aufklärung und Bildung. Es ist ein langwieriger und mühsamer Prozess, an dem alle vernünftigen Menschen teilnehmen sollten.

Elf Jahre zuvor hatte er für mächtigen Aufruhr gesorgt, als die schwarze Sängerin Marian Anderson für einen Auftritt nach Princeton gekommen war und ihr das örtliche Gasthaus ein Zimmer verweigert hatte. Daraufhin ließ Einstein sie bei sich übernachten. Es entwickelte sich eine Freundschaft, im Laufe derer Einstein Anderson wiederholt zu sich in die Mercer Street einlud. Einstein machte sich auch öffentlich für die »Scottsboro Boys« stark, neun schwarze Teenager, die Anfang der 1930er-Jahre in Alabama der Vergewaltigung angeklagt wurden. Die Jungen wurden von rein weiß besetzten Geschworenengerichten für schuldig befunden, Urteile, die inzwischen allgemein als Justizirrtum gelten. Und auch für Tom Mooney warf sich Einstein in die Bresche. Der Arbeiteraktivist soll 1916 an einem Bombenanschlag in San Francisco beteiligt gewesen sein und kam dafür ins Gefängnis. Erst 1939 wurde Mooney begnadigt.

Einstein brachte viel Leidenschaft für das Zeitgeschehen auf, aber trotz alledem fühlte er sich in den Naturwissenschaften wohler als auf der politischen Bühne. Im Atomzeitalter wurde er einmal gefragt, warum es leichter gewesen sei, die Atome zu entdecken, als ihre Nutzung zu regulieren. »Ganz einfach, lieber Freund«, erwiderte Einstein, »Politik ist schwieriger als Physik.«

Seien Sie ein Weltbürger

Ich bin der Abstammung nach ein Jude, der Staats-
zugehörigkeit nach ein Schweizer und der Gesinnung nach
ein Mensch und nur ein Mensch, ohne besondere Neigung für
irgendein staatliches oder nationales Gebilde.

ALBERT EINSTEIN,
7. Juni 1918 an Adolf Kneser

Einer der radikalsten Aspekte bei Einsteins politischer Gesinnung war seine Ablehnung des Nationalstaats in einer
Zeit, in der praktisch niemand dessen Überlegenheit infrage
stellte. Insofern entbehrt es nicht einer gewissen Ironie, dass
er letztlich deutlich mehr Staatsbürgerschaften annahm, als
es der gewöhnliche Mensch tut: Er hatte einen deutschen
Pass, einen Schweizer Pass, den von Österreich-Ungarn und
schließlich den amerikanischen. Israelischer Staatsbürger
war er nie, obwohl man ihm doch anbot, Präsident des jungen Landes zu werden.

Schon zu Lebzeiten wurde Einstein nachgesagt, politisch
sehr naiv gewesen zu sein – ein Urteil, das sich in der Analyse seines Vermächtnisses fortsetzte. Es stimmt, dass er sich
manchmal sehr leicht für die eine oder andere Sache gewinnen ließ. Darunter litt seine Klarheit als politischer Kom-
mentator und es stellte ihm gelegentlich Gestalten an die
Seite, die diese Ehre eigentlich nicht verdient hätten. Aber
politisch war er dennoch gewiefter, als man es ihm oftmals
zugetraut hat.

Er habe es sich zu leicht gemacht, indem er den Nationen-
staat pauschal verurteilte, sagten einige Kritiker. Wie er zu
dieser Einschätzung gelangt ist, lässt sich allerdings nach-

vollziehen, wenn man berücksichtigt, dass er zwei Weltkriege und deren Folgen miterlebt hat und beide ihre Wurzeln in aggressivem Nationalismus hatten. Zudem war es keine Haltung, die sich erst im Laufe seines Lebens entwickelt hat, sondern etwas, woran er schon in sehr jungen Jahren glaubte. Er lehnte den preußischen Militarismus ab, unter dem er aufwuchs. Das führte dazu, dass er seine Staatsbürgerschaft in einem Alter aufgab, in dem die Hauptsorge seiner Altersgenossen die Schulprüfungen oder schlimme Akne waren. Als er erwachsen wurde, war er auf eigenen Wunsch und aus eigenem Willen heraus staatenlos.

Einstein wusste natürlich, dass die Welt das System des Nationalstaats nicht abschütteln würde, wenngleich das in seiner idealen Welt der Fall gewesen wäre. 1929 schrieb er dem ehemaligen badischen Staatspräsidenten Willy Hellpach: »Wenn wir nicht unter intoleranten, engstirnigen und gewalttätigen Menschen leben müssten, wäre ich der erste, der jeden Nationalismus zugunsten universalen Menschentums verwerfen würde.« Angesichts dieser Realitäten strebte er nach einer Neuordnung der Nationalstaatlichkeit, die sich stärker am Einzelnen ausrichten sollte. Für das *New York Time Magazine* schrieb er 1931 den Artikel *Der Weg zum Frieden*, in dem er argumentiert:

Der Staat existiert für den Menschen, nicht der Mensch für den Staat … Meiner Ansicht nach besteht die wichtigste Aufgabe des Staats darin, den Einzelnen zu schützen und es ihm zu ermöglichen, sich zu einer kreativen Persönlichkeit zu entwickeln. Der Staat sollte unser Diener sein, nicht wir sollten Sklaven des Staats sein.

Einsteins Argwohn gegenüber dem Nationalismus war zu Beginn des Ersten Weltkriegs bereits stark ausgeprägt. Angesichts Hitlers Aufstieg stürzte sich Einstein noch einmal mit neuer Leidenschaft in die Debatten: »Nationalismus ist eine Kinderkrankheit … die Masern der Menschheit«, sagte er 1929 in einem Zeitungsinterview. Vier Jahre später in London erklärte er: »Meiner Meinung nach ist Nationalismus nichts weiter als eine idealistische Rationalisierung von Militarismus und Aggression.«

1940 nahm er die US-amerikanische Staatsbürgerschaft an. Er hätte sie schon fünf Jahre früher haben können, denn der Kongress verabschiedete extra für ihn ein Gesetz, das eine beschleunigte Einbürgerung ermöglicht hätte. Doch Einstein lehnte ab. Ebenfalls 1940 informierte das FBI den amerikanischen Präsidenten Franklin D. Roosevelt, Einstein sei für die Mitarbeit an Geheimprojekten nicht geeignet: »Es erscheint unwahrscheinlich, dass aus einem Mann mit seinem Hintergrund in so kurzer Zeit ein treuer amerikanischer Staatsbürger werden könnte.« Diese Beleidigung entbehrte jeder Grundlage, aber bis zu seinem Tod nahm es Einstein keinem übel, wenn man ihm die Mitgliedschaft in irgendeinem nationalen Club verweigerte. Die *New York Times* zitierte ihn 1926 so:

Warum sprechen die Menschen von großen Männern bezogen auf die Staatszugehörigkeit? Große Deutsche, große Engländer? Goethe hat sich immer dagegen gewehrt, als deutscher Dichter bezeichnet zu werden. Große Männer sind einfach Männer und sollten nicht unter dem Aspekt ihrer Nationalität betrachtet werden. Auch sollte das Umfeld, in dem sie aufgewachsen sind, nicht berücksichtigt werden.

Einstein und der Pazifismus

Die psychologische Wurzel des Krieges
liegt nach meiner Ansicht in einer biologisch begründeten
aggressiven Eigenart des männlichen Geschöpfes.

ALBERT EINSTEIN
in *Meine Meinung über den Krieg*, 1916

Während die moderne Kriegsführung ein industrielles Abschlachten immer einfacher machte, entwickelte sich Einstein zu einem der weltweit bekanntesten Verfechter des Pazifismus. Doch seine Meinung war nicht starr: Als Reaktion auf die Exzesse des Hitler-Regimes überdachte er seinen Standpunkt.

Auf die antimilitaristische Haltung, die Einstein seit Kindesbeinen an den Tag legte, sind wir bereits eingegangen. Als junger Mann umging er den Militärdienst, erst den deutschen, indem er 1896 seine Staatsbürgerschaft aufgab, dann den schweizerischen, wo man ihn wegen Fußbeschwerden und Krampfadern zurückstellte. Eine Ausbildung, die einem auf diese Weise aufgezwungen wird, sah Einstein als staatliche Form von Sklaverei an und lehnte sie von Grund auf ab. Insofern wird er in diesem Fall nicht allzu traurig über den Streich gewesen sein, den ihm seine Gesundheit da spielte.

Mitzuerleben, was der Erste Weltkrieg anrichtete und wie er unter seiner Generation wütete, ließ Einstein immer lautstärker für den Pazifismus werben. »In solcher Zeit sieht man, welcher traurigen Viehgattung man angehört«, schrieb er, als im August 1914 der Krieg ausbrach. Jetzt trat ein, was er seit Langem befürchtet hatte: »Unglaubliches hat nun Europa in seinem Wahn begonnen.«

Noch mehr schockierte ihn, wie viele seiner Kollegen, darunter viele von ihm hochverehrte, nur zu gerne bereit waren, ihre Kriegsflaggen zu hissen. Dass Philipp Lenard zu den Kriegsbefürwortern gehörte, war wenig überraschend, aber bei einigen anderen reagierte Einstein stark enttäuscht. Der spätere Chemie-Nobelpreisträger Fritz Haber beispielsweise spielte eine zentrale Rolle bei der Entwicklung von Chemiewaffen und war verantwortlich für den deutschen Angriff bei Ypern im April 1915, der 5000 Franzosen und Belgier das Leben kostete. Auch Walther Nernst, der 1920 den Chemie-Nobelpreis erhielt, arbeitete fleißig an chemischen Waffen mit.

Doch am meisten erschütterte Einstein wohl die öffentliche Aussage von Max Planck, es handele sich um einen gerechten Krieg. Haber, Nernst und Planck gehörten zu den Unterzeichnern des *Manifest der 93* – auch bekannt als *Aufruf an die Kulturwelt*. Dieses Manifest wurde im Oktober 1914 veröffentlicht; es verteidigt die deutsche Haltung und erklärt, dass ein Krieg unumgänglich sei. Einstein reagierte, indem er sich an einem Gegenaufruf beteiligte: Dem *Aufruf an die Europäer*, organisiert von Georg Friedrich Nicolai, Arzt und Gründer des intellektuellen Bunds Neues Vaterland und ein Freund von Elsa Einstein. Die Unterzeichner fordern ein Ende des aggressiven Nationalismus, doch mangels Unterstützung wurde der Aufruf erst 1917 und dann auch nur im Ausland veröffentlicht.

Unbeirrt nutzte Einstein seine Bekanntheit dafür, ein rasches Ende des Kriegs zu fordern und ein föderales Europa anzuregen. Im November 1915 begann er mit dem Essay *Meine Meinung über den Krieg*, worin er die Schuld für den Krieg der »biologisch begründeten aggressiven Eigenart des männlichen Geschöpfes« gab. Gleichzeitig warb er für die Idee einer internationalen Organisation, die die National-staaten überwacht. Dieses Konzept würde er bis zu seinem Tod erweitern und entwickeln. 1935 beispielsweise erklärte er in einem Interview mit *Survey Graphic*:

Loyalität gegenüber einer Nation ist einengend. Man muss den Menschen beibringen, in globalen Dimensionen zu denken. Jedes Land wird im Rahmen internationaler Zusammenarbeit einen Teil seiner Souveränität aufgeben müssen. Um Vernichtung zu vermeiden, muss die Aggression aufgegeben werden.

Als in den 1920er-Jahren der Nationalsozialismus in Deutschland an Boden gewann, intensivierte Einstein seinen Kampf für den Pazifismus und übernahm bei mehreren Friedenskampagnen einen aktiven Part. Dies schien ihm zum damaligen Zeitpunkt einer der wenigen gangbaren Wege, da es der Welt doch augenscheinlich nicht gelang, »selbst die extremste und katastrophalste Unmenschlichkeit und den mörderischen Krieg zu fürchten«. 1922 trat er der »Kommission für internationale geistige Zusammenarbeit« des Völkerbunds bei. Dieser Ausschuss sollte im Interesse des Weltfriedens grenzüberschreitend den kulturellen und intellektuellen Austausch befördern.

Was Einsteins politische Hingabe zum Pazifismus anbelangte, galt dasselbe wie seinen größten wissenschaftlichen Vorhaben: Er ließ sich von seinen Gefühlen leiten. Sein Pazifismus sei instinktiv, denn es sei abscheulich, einen Menschen zu töten, erklärte er. 1929 sagte er: »Ich würde bedingungslos jeden Kriegsdienst verweigern, sei er direkt oder indirekt und unabhängig davon, wie ich über die Gründe für einen speziellen Krieg denke.« Damit gelang es ihm auf einen Schlag, sowohl die militaristische Rechte in Deutschland aufzubringen als auch diejenigen, die eine bewaffnete Konfrontation für den einzigen Weg hielten, wie den Vormarsch der Rechten noch zu stoppen.

1931 bezeichnete er sich als »militanten Pazifisten«. Kriege ließen sich seiner Meinung nach nur verhindern, wenn die Menschen sich weigern zu kämpfen. Aber Hitlers Aufstieg vom hetzenden Extremisten zum Reichskanzler veränderte die Dinge. Zwar vertrat Einstein auch weiterhin mit großer Leidenschaft die Idee des Pazifismus und erklärte beispielsweise noch 1950 einem Interviewer der Vereinten Nationen:

Ich glaube, dass Gandhi unter den Politikern unserer Zeit in seinen Ansichten am stärksten erleuchtet war. Wir sollten uns darum bemühen, in seinem Geist zu handeln: keine Gewalt einzusetzen, wenn wir für unsere Sache kämpfen, sondern die Beteiligung an dem zu verweigern, was wir als böse ansehen.

Aber es gab Umstände, bei denen auch Einstein eine pazifistische Haltung nicht mehr reichte: Zum Beispiel als Hitler nach seinem Amtsantritt einen Staatsapparat aufbaute, der Angst und Schrecken verbreitete und sich mit gnadenloser Grausamkeit vor allem gegen die jüdische Bevölkerung richtete. In einem Interview mit dem Autor H. Herbert Fox legte er 1954 dar, wie seine Haltung inzwischen aussah:

Ich war stets ein Pazifist. Ich will damit sagen, ich habe brutale Gewalt als Mittel zur Lösung internationaler Konflikte abge-

lehnt. Dennoch ist es meiner Meinung nach nicht vernünftig, sich bedingungslos an dieses Prinzip zu klammern. Eine Ausnahme muss notwendigerweise gemacht werden, wenn eine feindselige Macht droht, eine komplette Bevölkerungsgruppe zu vernichten.

Angesichts des Hitlerismus sei es durchaus möglich, Militärdienst zu leisten »in dem Wissen, dass man der europäischen Zivilisation dient«, so Einstein. 1948 sprach er vor der War Resisters League, einer Vereinigung von Kriegsdienstverweigerern, die Anfang der 1920er-Jahre als Reaktion auf den Ersten Weltkrieg gegründet worden war. Sich pauschal gegen die Teilnahme an sämtlichen militärischen Aktivitäten zu weigern, sei als Ansatz »zu primitiv«, erklärte Einstein bei seiner Rede.

Deutschland konnte er niemals verzeihen, wie es mit seinen Juden umgegangen war. 1933 hatte er die deutsche Staatsbürgerschaft ein zweites Mal aufgegeben und als die Deutschen elf Jahre später ein Blutbad im Warschauer Ghetto anrichteten und über 300 000 Menschen töteten, erklärte Einstein: »Die Deutschen als ein Volk sind für diese Massenmorde verantwortlich und sie sollten auch als ein Volk bestraft werden.«

Ein Jahr später hatte diese Meinung noch Bestand, als Einstein seinem deutschen Freund James Franck, Nobelpreisträger für Physik von 1925, seine Meinung darlegte, dass Deutschland Millionen Zivilisten nach einem gut durchdachten Plan ermordet hatte. »Sie würden es noch einmal tun, wenn sie bloß Gelegenheit dazu bekämen«, so Einstein. »Schuldgefühle oder Gefühle des Bedauerns sind ihnen völlig fremd.« Den Bücherverbrennungen der Nazis fielen auch Einsteins Werke zum Opfer, aber nach dem Krieg rächte er sich auf seine eigene Weise: Er weigerte sich, seine Bücher in Deutschland veröffentlichen zu lassen.

Nachdem er zwei Weltkriege miterlebt hatte, war Einstein verständlicherweise pessimistisch, was die Zukunftsaussichten der Menschheit anbelangte. »Solange es Menschen gibt, wird es Kriege geben«, erklärte er 1947. Damit die Menschheit überhaupt eine Chance zu überleben habe, müsse das System der Nationalstaaten gründlich überarbeitet werden, davon war Einstein stärker denn je überzeugt. Ihm schwebte eine nationenübergreifende Organisation mit echter Schlagkraft vor, eine, die »ausreichend gesetzliche und vollziehende Macht hat, um den Frieden zu wahren«, wie er ebenfalls 1947 sagte – eine Art Weltpolizei, die die Urteile eines internationalen Schiedsgerichts in die Tat umsetzt. Es sollte eine Macht sein, vor der sich die Staaten verantworten müssten, nicht andersherum. Enttäuscht hatte Einstein verfolgt, wie der nach dem Ersten Weltkrieg gegründete Völkerbund genauso wenig wie die nach dem Zweiten Weltkrieg gegründeten Vereinten Nationen echte Macht mit auf den Weg bekamen. Ganz unbegründet waren seine Sorgen nicht, denn den Vereinten Nationen ist immer wieder vorgeworfen worden, zu viele Kompromisse eingegangen zu sein und sich zu oft der Macht des einen oder des anderen Staats gebeugt zu haben.

Einsteins Streben nach einer globalen Dachorganisation brachte ihm den Vorwurf ein, ein realitätsfremder Idealist zu sein. An der Anschuldigung ist durchaus etwas dran, aber Einstein hatte die Gefahren des Nationalismus aus erster Hand miterlebt und wusste besser als die meisten, wie groß die Gefahren seit Beginn des Atomzeitalters tatsächlich geworden waren. Einen globalen Föderalismus abzulehnen, war für ihn gleichbedeutend damit, der Menschheit die Zukunft zu rauben. Kurz nach Ende des Zweiten Weltkriegs erklärte er der Presse: »Die einzige Rettung für die Zivilisation und die menschliche Rasse liegt darin, eine Weltregierung zu erschaffen.«

Einstein und der Faschismus

*Solange ich eine Wahl habe, werde ich nur
in einem Land leben, in dem politische Freiheit, Toleranz
und die Gleichheit aller Bürger vor dem Gesetz gegeben ist.
Diese Bedingungen herrschen zum jetzigen Zeitpunkt
in Deutschland nicht.*

ALBERT EINSTEIN, 1933

Einstein war ein linksgerichteter Liberaler und noch dazu ein Jude von Weltruhm. Ein Kollisionskurs mit Adolf Hitler war da unausweichlich. Die deutschen Traditionen des Nationalismus und Militarismus würden unter der Herrschaft der Nazis ihren düsteren Höhepunkt finden, fürchtete Einstein. Ganz besonders ging ihm die intellektuellenfeindliche Haltung der Rechtsextremen gegen den Strich. 1930 steuerte er zu dem Buch *Prozess der Diktatur* einen Aufsatz bei: »Die Diktatur bringt den Maulkorb und dieser die Stumpfheit. Wissenschaft kann nur gedeihen in einer Atmosphäre des freien Worts.« Dennoch überraschte auch ihn der kometenhafte Aufstieg Hitlers.

Noch 1931 glaubte Einstein anscheinend, die Uhr für Hitler laufe ab. Politisches Kapital könne dieser nur aus dem Umstand schlagen, dass die unbarmherzigen Bedingungen der Versailler Verträge, die Hyperinflation und die Massenarbeitslosigkeit zu wirtschaftlichem Chaos geführt hatten. »Hitler lebt vom leeren Magen Deutschlands. Oder sollte ich sagen, er sitzt auf dem leeren Magen? Sobald sich die Wirtschaftslage bessert, wird er keine Rolle mehr spielen.« Rückblickend könnten seine Aussagen als Beleg für Einsteins vermeintliche politische Naivität dienen, aber man darf nicht vergessen, dass selbst Politiker mit deutlich mehr Erfahrung Hitler sehr lange unterschätzten.

Als Hitler zum Reichskanzler ernannt wurde, hegte Einstein praktisch keinerlei Illusionen mehr, wohin die Reise gehen würde. 1935 schrieb er: »Da erschien in Hitler einer von den Armen im Geiste, unbrauchbar für jegliche Arbeit, erfüllt vom Neid und Erbitterung gegen alle, die von Natur und Schicksal mehr begünstigt scheinen als er.« Und Hitler war erst wenige Monate Reichskanzler, da fragte Einstein schon: »Sieht die Welt denn nicht, dass Hitler auf Krieg aus ist?«

Die Nationalsozialisten hatten natürlich ein ganz besonderes Auge auf Einstein, der schließlich einer der weltweit berühmtesten deutschen Juden war. Angeblich war ein Kopfgeld auf ihn ausgesetzt, außerdem veröffentlichten die Nationalsozialisten eine Liste von »Staatsfeinden«, auf der sich auch Einstein befand. Unter seinem Foto stand bloß: »Noch nicht gehängt.«

Ende 1932 reisten Einstein und Elsa in die USA. Es war als kurze Reise geplant und sie konnten nicht wissen, dass sie niemals nach Deutschland zurückkehren würden. Andererseits gibt es eine Anekdote, dass die beiden ihr geliebtes Haus in Caputh bei Potsdam verließen und Einstein sich mit den Worten an seine Frau wandte: »Sieh es dir noch einmal gut an. Du wirst es nie wieder sehen.« Und tatsächlich: Nur wenige Wochen nach der Machtübernahme der Nationalsozialisten wurde das Haus in Caputh geplündert. Später konfiszierte der Staat sowohl das Grundstück als auch das dort gelagerte Boot Einsteins.

Einstein ging nun seinerseits in die Offensive: Er gab seinen deutschen Pass zurück und bevor man ihn wegen Jüdischseins hinauswerfen konnte, trat er aus der Preußischen Akademie der Naturwissenschaften aus. Als er einige Monate später in London sprach, griff er die barbarischen Methoden der deutschen Regierung scharf an: »Wollen wir uns gegen die Mächte zur Wehr setzen, die die Freiheit des Einzelnen und die geistige Freiheit bedrohen, müssen wir uns klar sein, was auf dem Spiel steht.« Ohne derartige Freiheiten hätte es »keinen Shakespeare gegeben, keinen Goethe, keinen Newton, keinen Faraday, keinen Pasteur, keinen Lister«, argumentierte Einstein.

Jahrhundertelang seien die Deutschen auf »sklavische Unterwerfung, militärische Abläufe und Brutalität« abgerichtet worden, nun würden sie nicht bereit sein, vom Abgrund zurückzutreten, so Einstein. Für den Augenblick ließ er seine pazifistische Grundhaltung ruhen. Der Rest Europas habe keine andere Wahl, er müsse eine militärische Reaktion vorbereiten, so Einstein. Dies sei das kleinere Übel, nur so ließe sich Schlimmeres verhindern. Während Europas Diplomaten es noch mit ihrer zum Scheitern verurteilten Appeasement-Politik versuchten, zählte ironischerweise ausgerechnet Einstein zu den lautesten Stimmen, die praktisch ab der Machtübernahme Hitlers forderten, ihn mit Gewalt aus dem Amt zu vertreiben. Wie vergeblich seine mahnenden Rufe allerdings waren, zeigt eine Umfrage, die 1938 unter den Studenten in Princeton durchgeführt wurde: Einstein landete in der Kategorie der größten lebenden Persönlichkeiten auf Rang zwei – hinter Hitler.

Einsteins Furcht vor Nationalismus und Autoritarismus waren nicht unbegründet, das zeigen schon der Aufstieg der Nationalsozialisten und der Ausbruch des Zweiten Weltkriegs. Dass sich die deutschen Intellektuellen Hitler nicht in den Weg stellten – mehr noch, dass viele seiner Kollegen tatsächlich aktiv und freiwillig mit dem Regime arbeiteten –, sollte Einstein den Rest seines Lebens verfolgen. Wie besagt der alte Ausspruch: »Das Böse triumphiert allein dadurch, dass gute Menschen nichts unternehmen.«

Einstein war aus seinem Vaterland vertrieben worden, nun fand er in den USA eine neue Heimat – in einem Land, das ihn gleichermaßen begeisterte wie empörte. Als Senator Joe McCarthy in den 1950er-Jahren zu seiner berüchtigten Kommunistenjagd blies, sah sich Einstein in der Pflicht: Hier griff wieder einmal ein Staat die Rechte des Einzelnen an, hier war er gefordert. Dem New Yorker Lehrer William Frauenglass, der vor das »Komitee für unamerikanische Umtriebe« zitiert worden war, riet er, die Zusammenarbeit zu verweigern. Für einen Bürger, der sich nichts habe zuschulden kommen lassen, sei es eine Schande, sich einer derartigen Inquisition unterziehen zu müssen, so Einstein.

McCarthy blieb in seiner Reaktion unnachgiebig: »Jeder, der Erkenntnisse über Spione und Saboteure für sich behält, macht sich damit zum Feind Amerikas.« Einstein wurde in der Presse als undankbar hingestellt, man machte ihm den Vorwurf, mit dem Feind unter einer Decke zu stecken. Nachdem er sein Leben lang für die Freiheit eingetreten war, lebte Einstein nun im selbsterklärten »Land der Freien«, aber es hatte sich nichts geändert: Noch immer wurde er wie ein Außenseiter behandelt und argwöhnisch beäugt.

Einstein und der Sozialismus

Ich war nie ein Kommunist. Aber wenn ich einer wäre,
würde ich mich dafür nicht schämen.

ALBERT EINSTEIN, 1950

Es war die Zeit, wo in Amerika jeder Stein umgedreht wurde, aus Sorge, es könnte sich ein »Roter« darunter versteckt halten. Wiederholt musste sich Einstein gegen den Vorwurf verteidigen, er habe Stalins schlimmste Exzesse verteidigt. Einstein pflegte eine nuancenreiche Beziehung zum Sozialismus und das war der Rauch, hinter dem seine Gegner ein kommunistisches Feuer vermuteten. Ihre Reaktion: Plumper Rufmord.

Es ist durchaus lohnenswert, sich Einsteins Verhältnis zum Sozialismus einmal näher anzusehen. Einstein identifizierte sich mit der Politik und der Wirtschaftslehre des Sozialismus. Dass es einem ungebremsten Kapitalismus gelingen würde, die Bedürfnisse der Welt zu decken, bezweifelte er sehr stark. 1945 kritisierte er den Kapitalismus:

Was ist ein kapitalistischer Staat? Ein solcher Staat, in welchem die hauptsächlichen Produktionsmittel, wie Ackerboden, Haus- und Grundbesitz in den Städten, Wasser-, Gas- und Elektrizitätsversorgung, Transportmittel sowie die größeren industriellen Werke Eigentum einer Minderheit der Bürgerschaft sind. Die Produktion ist auf Profit des Besitzers statt auf gleichmäßige Versorgung der Bevölkerung mit den lebensnotwendigen Dingen gerichtet.

1932 schrieb Einstein: »Ich bin fest davon durchdrungen, dass keine Reichtümer der Welt die Menschheit weiterbringen können, auch nicht in der Hand eines dem Ziele noch so ergebenen Menschen.« 15 Jahre später sprach er, vielleicht etwas überraschend, darüber, wie der technische Fortschritt Arbeitsverhältnisse bedrohte. Einstein wollte die Klassenbarrieren fallen sehen und diese Möglichkeit bot der Sozialismus. Aber genauso bot sich diese Möglichkeit in Amerika, der Hochburg des Kapitalismus. »Niemand hier erniedrigt sich vor einer anderen Person oder Klasse«, schrieb Einstein.

Seine Sympathien für den Sozialismus standen jedoch im Vergleich zu seinem Einsatz für die persönliche Freiheit immer an zweiter Stelle. Durch diese Brille betrachtet, ist seine Haltung gegenüber dem Sozialismus und speziell der russischen Ausprägung des Sozialismus deutlich vielschichtiger als gemeinhin angenommen. Jemand, der Moskau nach dem Mund redete, war er ganz gewiss nicht. Selbst als die Bolschewiken 1917 die Macht ergriffen, drängte er noch: Es »müssen alle wahren Demokraten darüber wachen, dass die alte Klassen-Tyrannei von rechts nicht durch eine Klassen-Tyrannei von links ersetzt wird.« Russland oder die Sowjetunion hat er nie besucht, zu groß war seine Angst, dass sein Aufenthalt dort für Propagandazwecke missbraucht werden könnte. 1933 erklärte er, er sei ein ebenso großer Widersacher des Bolschewismus wie des Faschismus oder jeder anderen Diktatur.

Und dennoch gab es einige Missverständnisse: Als er Mitte der 1930er-Jahre gebeten wurde, einen Aufruf zu unterzeichnen, in dem gegen Stalins blutigen Umgang mit seinen Rivalen protestiert wurde, lehnte er ab. Stattdessen sprach er bedauernd darüber, dass sich die Führung der UdSSR »habe mitreißen lassen«, bevor er beteuerte: »Die

Russen haben gezeigt, dass ihr einziges Ziel darin besteht, das Los des russischen Volks zu verbessern.«

Einstein erklärte, er verschließe nicht die Augen »vor den schweren Mängeln des russischen Regierungssystems«, habe jedoch auch das Gefühl, es biete »große Vorzüge«. Zudem sei fraglich, ob das System überlebt hätte, hätte es auf »sanftere Methoden« zurückgegriffen. Dennoch entsetzte ihn, in welchen Ausmaßen der Einzelne und die Meinungsfreiheit unterdrückt wurden, und dass »machthungrige Individuen« mit unlauteren Methoden ihre eigenen Ziele verfolgten. Einstein war offensichtlich hin und her gerissen. Auf der einen Seite empfand er viel Sympathie für die grundlegende Ideologie, andererseits lehnte er den Staatsapparat ab, der seine Ideologie den Menschen regelrecht aufzwang. Gleichzeitig sei daran erinnert, dass Einstein beileibe nicht der einzige Intellektuelle seiner Zeit war, der dem Kreml gelegentlich einen Vertrauensvorschuss einräumte.

Seine Haltung wurde Einstein als Ausflucht ausgelegt und die Kritik prasselte aus allen Lagern auf ihn ein: Moskau betrachtete ihn mit Argwohn, denn seine Forderung nach einer nationenübergreifenden Regierung galt einigen als Element einer kapitalistischen Verschwörung. Und die amerikanische Öffentlichkeit mochte ganz vernarrt in Einstein sein, aber in Washington sah es schon anders aus. Das FBI beispielsweise trug ein Dossier über ihn zusammen, das es auf knapp 1500 Seiten brachte – und dennoch enorme Lücken aufwies. So fehlt die Affäre, die er von 1941 bis 1945 mit Margarita Konenkowa führte, einer sowjetischen Spionin aus dem Greenwich Village. Aber von der Spionagetätigkeit seiner Geliebten hatte Einstein wohl selbst keine Ahnung.

Dass er sich mit McCarthy anlegte, trug natürlich auch nicht gerade dazu bei, dass der Druck auf ihn nachließ. 1954 beispielsweise sagte Einstein: »Amerika ist unvergleichlich weniger durch seine eigenen Kommunisten bedroht als vielmehr durch die hysterische Hetzjagd auf die wenigen Kommunisten, die es hier gibt.« Er war in dieser Frage schlichtweg Realist. Westeuropa verfiel doch auch nicht in Paranoia, was eine Übernahme durch die Kommunisten anbelangte, also warum sollten die Dinge in den USA anders liegen? Das galt umso mehr, wenn diese Paranoia die herausragende Eigenschaft der USA, ihre Achtung der persönlichen Freiheit, in Gefahr brachte.

Einstein war in dem Sinne ein Sozialist, da die Bewegung für soziale Gleichheit eintritt. Vor allem aber war er stets ein Freidenker.

Verlieren Sie nie die moralischen Folgen Ihrer Arbeit aus den Augen

Er war der größte Wissenschaftler unserer Zeit und wahrhaftig ein Wahrheitssuchender, der sich mit Bösem oder Unwahrheiten nicht abfand.

JAWAHARLAL NEHRU
erster Ministerpräsident Indiens
nach der Unabhängigkeit, 1955 über Einstein

Die außerordentliche Besonderheit Einsteins liegt darin, dass er zu den wenigen Menschen zählt, die in zwei völlig unterschiedlichen Feldern Großes leisteten – in der theoretischen Physik und im humanitären Bereich. Über weite Teile seines Lebens klammerte er sich an die Hoffnung, die beiden Felder voneinander trennen zu können: Die Forschung belebte ihn, während ihn die Politik – ähnlich wie persönliche Beziehungen – ermüdete. Kein Wunder also, dass ihm seine Forschungsarbeit heilig war und er sie »unbeschmutzt« lassen wollte. Doch dann wurden seine bahnbrechenden Erkenntnisse für groteske politische Ziele zweckentfremdet und missbraucht – allen voran für den Bau und die ungeregelte Weiterverbreitung der Atombombe. Da musste sich Einstein eingestehen, wenn auch sehr zögerlich, dass diese beiden Bereiche seines Lebens aufeinanderprallten.

1923 erklärte er mit naivem Charme, dass es »nicht rechtens sei, die Politik in wissenschaftliche Belange hineinzuziehen«. Auch nachdem er hatte akzeptieren müssen, dass eine derartige Abgrenzung völlig künstlich ist, beharrte er noch lange auf seiner Meinung. Und so erklärte er sogar 1949 noch, dass seine »Liebe für Gerechtigkeit und das Streben,

etwas zur Verbesserung der menschlichen Existenz beizutra-
gen, recht unabhängig sind von meinen wissenschaftlichen
Interessen.«

Der Realist in Einstein hatte jedoch schon längst erkannt,
dass die Wissenschaft bei ihren allem zugrunde liegenden
Absichten scheiterte – der Verbesserung der menschlichen
Existenz. Um sich herum erblickte Einstein eine Welt, in der
wissenschaftliche und technische Entwicklungen »Menschen zu Sklaven der Maschinen« gemacht hatte und zulie-
ßen, dass sich die Menschen im Krieg »gegenseitig vergiften
und verstümmeln«, während Friedenszeiten nur noch eine
»gehetzte und ungewisse« Phase seien. Diese Ansichten hatte
er schon vertreten, bevor ihm der Gedanke kam, dass seine
Forschungsarbeit für den Bau der Atombombe genutzt werden könnte – der Waffe, die Einstein endgültig zwang, sich
der Realität zu stellen: Wissenschaftliche Forschung kann
nicht betrieben werden, ohne dass man die Folgen für die
Allgemeinheit abwägt. Die *New York Times* zitiert Einstein
1948 wie folgt:

*Wir Forscher, deren tragisches Schicksal es war, immer schau-
erlichere und wirksamere Methoden der Vernichtung zu entwickeln, müssen es als unsere heilige und alles überragende
Pflicht ansehen, alles in unserer Macht Stehende zu tun, damit
diese Waffen nicht dem brutalen Zweck zugeführt werden, für
den sie erfunden wurden.*

Ganz gegen seinen Willen hatten sich Wissenschaft und Moral
miteinander verflochten. Einige Jahre schrieb Einstein privat
an einen New Yorker Geistlichen: »Das wichtigste menschli-

che Streben ist das Streben nach moralischem Handeln. Unser inneres Gleichgewicht, ja unsere Existenz hängen davon ab.

Der Physiker Einstein ließ sich nicht von dem Humanisten Einstein trennen, aber die Kombination dieser Persönlichkeiten war es, die den Menschen Einstein zu etwas ganz Besonderem machen sollte. Wie formulierte es der große britische Autor und Chemiker Charles Percy Snow: »Mir erschien er als der größte Intellektuelle dieses Jahrhunderts und ganz gewiss auch als die großartigste Verkörperung moralischer Erfahrung. Er war in vielerlei Hinsicht anders als alle anderen Menschen.«

Einstein und die Bombe

Die Wissenschaft hat diese Gefahr hervorgebracht, aber das wahre Problem liegt in den Köpfen und den Herzen der Menschen.

ALBERT EINSTEIN
im Interview mit Michael Amrine,
The New York Times Magazine, 1946

Die Geschichte sollte Einstein einen grausamen Streich spielen, denn sein Name wird immer mit der pilzförmigen Wolke der ersten Atombombe in Verbindung gebracht werden. Die Geschichte von seiner Beteiligung am Bau der Waffe und seinem anschließenden Ringen um Waffenkontrollen eignet sich hervorragend als moderne Fabel.

Einsteins berühmteste Formel $E = mc^2$ diente als Grundlage für die Entwicklung der Atombombe, denn sie besagte doch: Lässt sich ein Atomkern aufspalten, wird dabei möglicherweise eine gewaltige Menge an (zerstörerischer) Energie frei. 1938 erfuhr Einstein, dass Otto Hahn und Fritz Strassmann in Berlin genau das gelungen war – die erste erfolgreiche Kernspaltung. Noch drei Jahre zuvor hatte Einstein etwas Derartiges für völlig unmöglich gehalten und es damit verglichen, »im Dunkeln auf Vögel zu schießen, und zwar in einem Land, in dem es ohnehin kaum Vögel gibt«. Aber auch die Meldungen aus Berlin sorgten bei dem mittlerweile in Princeton ansässigen Professor nicht für übermäßige Besorgnis.

Das änderte sich im Sommer 1939, als ihn sein alter ungarischer Kollege Leó Szilárd besuchte. Szilárd hatte an der Spaltung von Uran gearbeitet und ihm war dabei klar geworden, dass man dieses Wissen nutzen konnte, um eine Waffe von beispielloser Vernichtungskraft zu bauen. Er war nun besorgt, dass Deutschland anfangen könnte, die großen Uranvorkommen in Belgisch-Kongo aufzukaufen. Einstein, so hoffte Szilárd, könnte hier über seine guten Kontakte zur belgischen Königsfamilie intervenieren. Doch es dauerte nicht allzu lange, da kam man zu dem Schluss, lieber dem amerikanischen Präsidenten Franklin D. Roosevelt eine Warnung zukommen zu lassen. Das sei sachdienlicher.

Das Schreiben vom 2. August 1939 entwarf Szilárd, Einstein setzte bloß seine Signatur darunter. Darin heißt es:

Ein neues Werk von E. Fermi und L. Szilárd, das mir in Manuskriptform vorliegt, veranlasst mich zu der Annahme, dass das Element Uran in naher Zukunft zu einer neuen und wichtigen Energiequelle gemacht werden könnte. Gewisse Aspekte der dadurch entstandenen Situation scheinen Wachsamkeit zu erfordern und nötigenfalls ein rasches Handeln seitens der Regierung.

Ominös wird anschließend vor »neuartigen Bomben von extremer Wirkungskraft« gewarnt, dann heißt es: »Angesichts dieser Umstände erachten Sie es vielleicht für wünschenswert, dass zwischen der Regierung und den Physikern, die in Amerika auf dem Gebiet der Kettenreaktionen arbeiten, eine Art dauerhafter Kontakt gehalten wird.«

Eine ganz eigene Kettenreaktion setzte Einstein mit diesem Brief in Gang. Zunächst zauderte die Regierung Roosevelt noch, aber nach weiterem Austausch mit Einstein wurde Ende 1941 das »Manhattan-Projekt« ins Leben gerufen. Unter der Führung von J. Robert Oppenheimer entwickelten die USA Atombomben. Zwei davon sollten vor Ende des Zweiten Weltkriegs noch zum Einsatz kommen.

An dem eigentlichen Projekt selbst war Einstein in keiner Form beteiligt, er steuerte nur etwas nachrangige Forschung bei. Offiziell wusste Einstein nichts vom »Manhattan-Projekt«, denn das von J. Edgar Hoover geführte FBI hatte ein vor Fehlern strotzendes Dossier über

Einstein zusammengestellt, in dem er zum Sicherheitsrisiko erklärt wird. Aber vermutlich hätte Einstein ohnehin nicht direkt an einem Projekt mitarbeiten wollen, das seinen Grundprinzipien dermaßen zuwiderlief. »Meine wissenschaftliche Arbeit steht nur in ganz indirektem Zusammenhang mit der atomic Bombe«, versicherte er seinem Sohn Hans Albert 1945 in einem Brief.

Doch obwohl er an dem Projekt nicht beteiligt war, war ihm 1944 durchaus bewusst, dass der Bau der Atombombe kurz vor dem Abschluss stand. Einstein war überzeugt, dass den Behörden die Folgen nicht ausreichend klar waren, also forderte er erneut eine länderübergreifende Aufsicht. Seine Kollegen aus der Forschung drängte er, sich für eine »Internationalisierung der Militärmacht« stark zu machen. Vergebens: Am 6. August 1945 warfen die USA eine Atombombe auf Hiroshima. Als Einsteins Sekretärin Helen Dukas ihm davon erzählte, bestand seine Reaktion aus einem knappen »Oh mein Gott«. Wenige Tage später sollte in Nagasaki eine zweite Atombombe zum Einsatz kommen.

Unmittelbar nach den Atomschlägen gegen Japan war Einstein eine der führenden Stimmen, die für eine internationale Kooperation bei der Eindämmung dieser neuen Gefahr warben. Noch im selben Jahr sollte er eine seiner besten Reden halten, und zwar auf dem 5. Nobel-Jahresdinner im New Yorker Hotel *Astor*. Einstein begann seine Rede, indem er Vergleiche zwischen den Physikern, die an der Bombe mitgewirkt hatten, und Alfred Nobel, dem Erfinder des Dynamits und Stifter des Nobelpreises, anstellte, um sein Gewissen zu beruhigen. Im weiteren Verlauf der Rede malte Einstein ein ausgesprochen düsteres Bild von der Lage in der Welt:

Der Krieg ist gewonnen, aber der Friede nicht. Die Großmächte, die im Krieg vereint waren, sind in den Fragen des Friedensschlusses uneinig geworden. Der Welt wurde Freiheit von Angst versprochen, aber die Angst unter den Nationen der Welt ist seit Kriegsende außerordentlich gestiegen.

Einstein fühlte sich sehr schuldig, dass er zum Bau dieser Waffe beigetragen hatte. Im November 1954 erklärte er: »Ich beging einen großen Fehler in meinem Leben, als ich diesen Brief an Präsident Roosevelt unterschrieb, in dem ich den Bau der Atombombe empfahl.« Aber hinterher ist man immer schlauer und es ist undenkbar, welche Folgen es gehabt hätte, wäre Hitler als erster in den Besitz von Atomwaffen gelangt. Tatsächlich war Deutschland bei seinem Streben nach der Bombe von Anfang an im Hintertreffen, und zwar aus eigener Schuld: Die antisemitischen Gesetze hatten 14 Nobelpreisträger und nahezu die Hälfte aller Professoren für theoretische Physik ins Exil vertrieben. »Hätte ich gewusst, dass es den Deutschen nicht gelingt, eine Atombombe herzustellen, hätte ich niemals einen Finger gerührt«, sagte Einstein 1947 dem Magazin *Newsweek*. Unermüdlich warnte er vor Selbstzufriedenheit: »Solange souveräne Staaten über Waffen und Geheimwaffen verfügen, werden neue Weltkriege unvermeidlich sein«, sagte er 1945 auf einer Pressekonferenz. Und an das »Notstandskomitee der Atomwissenschaftler« schrieb er 1945 einen Brief, in dem es hieß: »Die Macht der Atombombe ist freigesetzt und hat alles verändert – nur nicht unsere Denkweise. Und so treiben wir auf Katastrophen sondergleichen zu.« Einstein war einer der Gründer des Komitees, das sich für Weltfrieden und die friedliche Nutzung der Atomenergie einsetzte.

Den neu gegründeten Vereinten Nationen hingegen traute er nicht zu, ihre Mitgliedsstaaten im Zaum zu halten. Vehement sprach er sich gegen einseitige Abrüstung aus, weil dies seiner Meinung nach einzig denjenigen nutze, die sich Waffen zulegen wollen. Der aufziehende Kalte Krieg und die damit einhergehenden Rivalitäten steigerten Einsteins Trübsinn noch. Im Februar 1951 gab er dem amerikanischen Fernsehsender NBC ein Interview, und zwar für die Sendung *Today with Mrs Roosevelt* (Gastgeberin war die ehemalige First Lady Eleanor Roosevelt). Thema war das Wettrüsten und Einstein erklärte: »Jeder Schritt wirkt wie die unweigerliche Konsequenz des zuvor getanen Schritts. Und am Ende lauert, immer deutlicher zu erkennen, die allgemeine Vernichtung.«

Doch trotz allem ließ Einstein niemals zu, dass sein Pessimismus seine Hoffnung überwältigte. Wenige Tage vor seinem Tod unterzeichnete er eine Erklärung, die als Russell-Einstein-Manifest in die Geschichte eingehen sollte. Erarbeitet wurde das Werk von dem britischen Mathematiker und Philosophen Bertrand Russell und es warnt vor den Gefahren des Atomzeitalters. Die Erklärung diente als Grundstein für die Pugwash-Konferenz, die zwei Jahre später erstmals stattfand und auf der Akademiker und Personen des öffentlichen Lebens über die dringlichsten Fragen der globalen Sicherheit berieten. Besonders ein Satz aus dem Russell-Einstein-Manifest blieb im kollektiven Gedächtnis: »Erinnert Euch Eures Menschseins und vergesst alles andere!«
Russell war ein großer Bewunderer Einsteins. Zehn Jahre später sollte er in einer Radiosendung auf Einsteins Leben zurückblicken: »Einstein war nicht nur ein großer Wissenschaftler, er war auch ein großer Mensch. In einer Welt, die auf Krieg zutreibt, stand er für Frieden. In einer verrückten Welt blieb er vernünftig, in einer Welt der Fanatiker blieb er liberal.«

Nutzen Sie Ihren Ruhm

Jeder soll als Person respektiert
und keiner vergöttert sein.

ALBERT EINSTEIN
in *Wie ich die Welt sehe*, 1931

Als Einstein 1905 im Berner Patentamt vor sich hin werkelte und seine berühmten Werke schrieb, wird seine Hauptmotivation kaum das Streben nach Ruhm und Glanz gewesen sein. Selbst nach der Veröffentlichung der allgemeinen Relativitätstheorie war er beileibe kein Weltstar, sondern bestenfalls in der Wissenschaftsgemeinde bekannt.

Doch als Arthur Stanley Eddington 1919 nachwies, dass, wie von Einstein prognostiziert, Licht tatsächlich durch die Schwerkraft gebrochen wird, brach die globale Aufmerksamkeit über Einstein herein. Im Jahr darauf schrieb er seinem Freund Heinrich Zangger: »Mit mir hat man seit dem Bekanntwerden der Lichtkrümmung einen Kultus getrieben, dass ich mir vorkomme wie ein Götzenbild.« Sehr optimistisch fügte er hinzu: »Aber auch dies wird mit Gottes Hilfe vorübergehen.« Und im selben Jahr gestand er Hendrik Lorentz, dass er sich seiner Fehler mehr denn je bewusst sei, »weil ich sehe, dass mein Können nun ganz besonders überschätzt wird.« Die Kluft zwischen seinen Leistungen und der Bewertung durch die Öffentlichkeit erreiche ein groteskes Ausmaß, so Einstein. An einer Aussage gegenüber der sozialistischen Tageszeitung *New York Call* aus dem Jahr 1921 lässt sich ablesen, wie müde er seines Ruhms mittlerweile war: »Mir liegt nichts daran, über meine Arbeit zu sprechen. Der Bildhauer, der Künstler, der Musiker, der Wissenschaftler –

sie alle arbeiten, weil sie ihre Arbeit lieben. Ruhm und Ehre sind nachrangig.«

Berühmt und reich zu sein – im Großen und Ganzen war es nicht das, was Einstein wollte: »Besitz, äußerer Erfolg, Luxus, erschienen mir seit meinen jungen Jahren verächtlich«, schrieb er 1931 in *Wie ich die Welt sehe* und: »Auch glaube ich, dass ein schlichtes und anspruchsloses äußeres Leben für jeden gut ist, für Körper und Geist.«

Im Jahr zuvor hatte er davon gesprochen, wie ungerecht es sei und wie sehr es für schlechten Geschmack spreche, wenn die Gesellschaft sich einige wenige einzelne Personen herauspicke und sie mit grenzenloser Bewunderung überschütte. Materiell lebte Einstein ein bescheidenes Leben. Er gab ein ordentliches Sümmchen für sein Haus in Caputh und für seine Segelleidenschaft aus, aber Exzesse waren ihm völlig fremd. Sein Haus auf der Mercer Street in Princeton ist bekannt dafür, »normal« zu sein, und im hohen Alter half er Kindern aus der Nachbarschaft bei ihren Hausaufgaben. Seinen Prominentenstatus nutzte er nur selten und er bewahrte sich ein gesundes Maß an Skepsis, was das Wesen des Ruhms anbelangte. 1919, als sein Ruhm noch ganz frisch war, schrieb Einstein in der *Times*:

Noch eine Art Anwendung der Relativitätstheorie zur Ergötzung des Lesers: Heute werde ich in Deutschland als »deutscher Gelehrter« und in England als »Schweizer Jude« bezeichnet. Sollte ich aber einst in die Lage geraten, als schwarzes Schaf präsentiert zu werden, dann wäre ich umgekehrt für die Deutschen ein »Schweizer Jude« und für die Engländer ein »deutscher Gelehrter«!

Bei einem Dinner, das die amerikanische Nationale Akademie der Wissenschaften zu Ehren Einsteins abhielt, fiel eine Rede sehr lang aus. Da wandte er sich an einen Begleiter und flüsterte: »Ich habe gerade eine neue Ewigkeitstheorie entwickelt.« Und eine sehr existenzielle Frage stellte er 1944 in einem Interview der *New York Times*: »Woher kommt es, dass mich niemand versteht, aber jeder mag?«

Es wäre nun aber auch falsch zu behaupten, er hätte seinen Status als Berühmtheit abscheulich gefunden. So war er beispielsweise nur zu gerne bereit, mit Alexander Moszkowski an einer Biografie zu arbeiten. Auch genoss er die Gesellschaft bestimmter Stars, so zum Beispiel, als er unbedingt Charlie Chaplin kennenlernen wollte. Hinter dem Vorwurf, er betreibe zu viel Werbung in eigener Sache, stecken vor allem politische Gründe, allerdings deuten auch Verbündete wie Charles Percy Snow an, dass Einstein all die Aufmerksamkeit durchaus genießen konnte.

Kurzum: Man schafft es nicht fünfmal auf die Titelseite des *Time Magazine*, wenn man ein völlig zurückgezogenes Leben lebt. Ob gewollt oder unbewusst ändert nichts daran, dass er jede Menge hervorragender Zitate lieferte und sich im Rampenlicht wacker schlug. Selbst seine Sorglosigkeit in Sachen Stil wurde ihm nicht zum Nachteil ausgelegt, wie wir noch sehen werden.

Nachdem Einstein so unerwartet mit Ruhm überschüttet wurde, lernte er sehr rasch, daraus Kapital zu schlagen. Man darf nicht vergessen, dass er im Gegensatz zu den heutigen Spitzensportlern oder Popstars keinerlei Ausbildung im Umgang mit den Medien erhielt. Das hielt ihn jedoch nicht davon ab, von der Plattform, die man ihm zur Verfügung stellte, reichlich Gebrauch zu machen und so seine Botschaft in die Welt zu tragen – die Botschaft von Frieden und internationaler Kooperation.

Und dennoch war auch für ihn all die Aufmerksamkeit immer wieder gewöhnungsbedürftig: »Warum die Öffentlichkeit ausgerechnet an mir Gefallen finden sollte, einem Wissenschaftler, der sich mit abstrakten Dingen befasst und am glücklichsten ist, wenn er seine Ruhe hat, ist ein Ausdruck von Massenpsychologie, der mein Verständnis übersteigt.«

Im Stile eines »verrückten Professors«

Socken trägt der Professor niemals. Selbst als ihn
Mr Roosevelt ins Weiße Haus eingeladen hat,
trug er keine Socken.

HELEN DUKAS
Einsteins Privatsekretärin

Wenn Ihnen Isaac Newton, Charles Darwin oder Marie Curie auf der Straße begegneten, würden Sie sie erkennen? Die meisten Menschen dürften diese Frage verneinen. Ganz anders sieht das bei Einstein aus, denn wohl kaum ein anderer Wissenschaftler nicht nur seiner Zeit, sondern aller Zeiten steht uns derart klar vor Augen: Die ungebändigten Haare, der buschige Schnurrbart, die traurigen Augen, die vorsätzlich schlampige Kleidung. All das sorgte dafür, dass er rund um die Welt erkannt wurde und dass sein Look bis heute eine eigene Marke ist – das Sinnbild des absoluten Genies.

Doch Einstein hatte nicht immer etwas leicht Ungepflegtes an sich. Als junger Erwachsener war er ein ziemlicher Beau, als Student stand er beim anderen Geschlecht hoch im Kurs: Volles dunkles, welliges Haar über einer hohen Stirn, die viel Raum ließ für den Genie-Grips, und dazu durchdringende braune Augen. Im Alter ließen die Augen ihn in seinem runzligen Gesicht auf sympathische Weise traurig wirken, aber in Einsteins jungen Jahren kündeten sie eher von einer starken und angeborenen Betrübtheit. Wer noch ein Beispiel für den alten Spruch sucht, dass die Augen das Fenster zur Seele sind, wird hier fündig.

Einsteins Nase war adlerähnlich, auf den Mund trifft vermutlich die Bezeichnung »sinnlich« am besten zu. Grundsätzlich sprach er eher leise, aber wenn ihn etwas amüsierte, lachte er aus vollem Hals und klang dabei ein wenig wie ein bellender Seehund. Alte Fotos zeigen einen attraktiven, gut gebauten Mann mit Hang zu schicken Anzügen. Ein flottes Äußeres gepaart mit Selbstvertrauen, einem wachen Sinn für Humor und einem Schuss Sarkasmus, den er sich sein Leben lang bewahren sollte. Kein Wunder, dass da manch ein Frauenherz schneller schlug. Heute würde man vielleicht sagen, er sei ein »Augenschmaus« gewesen.

Doch meist meldeten sich seine Schrullen rasch zu Wort. Von Natur aus war sein Verhältnis zu Kleidung eher entspannt und nicht selten trug er Sachen, die ihre besten Tage ganz offensichtlich hinter sich hatten. Sein Biograf Abraham Pais erzählt, dass Einstein einmal erklärte: »Ich mag weder neue Kleidung noch neues Essen.«

Den unordentlichen Look, der so berühmt werden sollte, legte sich Einstein 1909 zu, als er seine erste Professur bekam. Zu seinen Eigenheiten gehörte die Weigerung, Socken zu tragen (siehe obiges Zitat von Helen Dukas). Einstein begründet dies damit, dass ihm als junger Mensch seine großen Zehen immer Löcher in die Socken stießen, bis er irgendwann beschloss, einfach keine Socken mehr zu tragen. Auch die schicken Anzüge wurden irgendwann aussortiert und durch seine charakteristische Uniform ersetzt – ausgebeulte Cordhosen, dazu ausgeleierte Sweatshirts (meistens aus Baumwolle, weil Einstein eine leichte Wollallergie hatte) und sehr häufig eine Lederjacke, deren Reiz für Einstein darin bestand, dass sie einiges mitmachte und wenig Pflege benötigte. An den – unbestrumpften – Füßen trug er zumeist Slipper.

Sein Hang zur Ungezwungenheit in Bekleidungsfragen wurde legendär. 1932 wollte Einstein gerade eine Gesandtschaft von Reichspräsident Paul von Hindenburg in Empfang nehmen, als ihn seine Frau Elsa drängte, sich doch rasch zur Feier des Tages umzuziehen. Davon wollte Einstein nichts wissen: »Wenn sie mich sehen wollen, bin ich da. Wenn sie meine Kleider betrachten wollen, öffne ich den Kleiderschrank.«

Bei einer anderen Gelegenheit wurde ihm ebenfalls angetragen, sich doch für die bevorstehende Fahrt in sein Büro umzuziehen, woraufhin er erwiderte: »Warum sollte ich? Da kennt mich doch jeder.« Diese Argumentation kehrte er bei Bedarf allerdings genauso gern ins Gegenteil um. Als seine Kleiderwahl für eine Konferenz hinterfragt wurde, hieß es zum Thema Umziehen: »Warum sollte ich? Da kennt mich doch keiner.« Was seine Leistungen für die Welt der Mode anbelangt, wird Einstein wohl keine Preise gewinnen, allerdings entwickelte er einen Stil, der die Fantasie der Öffentlichkeit in Beschlag nahm. Das in alle Richtungen wegstrebende graue Haar steht heutzutage sinnbildlich für den Typus »sympathischer verrückter Professor« – man denke nur an Doc Brown aus den *Zurück in die Zukunft*-Filmen). Einsteins Aussehen diente sogar als Inspiration für ein Lied, das bei den Princeton-Studenten großen Anklang fand:

The bright boys here all study Math
And Albie Einstein points the path
Although he seldom takes the air
We wish to God he'd cut his hair.

Eine wörtliche Übersetzung dieser Zeilen lautet: »Die klugen

Jungs hier studieren alle Mathe / und Albie Einstein zeigt ihnen, wie es geht. / An die frische Luft kommt er nur selten, / und, bei Gott, braucht der dringend einen Haarschnitt.«

Natürlich darf eines nicht fehlen, um den Einstein-Look komplett zu machen: Die berühmte herausgestreckte Zunge. Der Fotograf Arthur Sasse knipste mit dieser Aufnahme 1951 das vielleicht bis heute bekannteste Bild von Einstein.

Schließen Sie Frieden mit der Zeit

Ich bin jetzt alt genug, »Nein« zu sagen, wenn mir jemand sagt, ich solle mir Socken anziehen.

ALBERT EINSTEIN

Einstein mag die Zeit zwar neu definiert haben, aber aufhalten konnte auch er sie nicht, wie er feststellen musste. Wie die meisten Menschen empfand er das Altwerden als schmerzhaften Prozess und ärgerte sich darüber, dass er nun von seiner Umwelt anders behandelt wurde. Dennoch gelang ihm der Umstieg von »junger Wilder« zu »Elder Statesman« erstaunlich gut.

Ihn hatte stets gesorgt, was das Alter wohl bringen werde und ob es seine geistigen Fähigkeiten einschränken werde. Schon 1917 schrieb er an Heinrich Zangger, dass einem die wahrhaft bahnbrechenden Ideen in der Jugend kommen. Als er 50 wurde, überquerte Einstein nach eigenem Empfinden offenbar auch eine unsichtbare psychologische Grenze, und nachdem er sich dauerhaft in den USA niedergelassen hatte, klagte er: »Ich fühle mich wie ein altes Denkmal, das vor allem für seine Verweigerung von Socken bekannt ist, und das zu besonderen Anlässen zur allgemeinen Erheiterung hervorgeholt wird«.

Als junger Forscher stammten Einsteins Helden aus allen Zeiten. Die allgemeine Relativitätstheorie beispielsweise beruhe speziell auf den Werken von vier »Großen«, erklärte er: Galileo, Newton, Maxwell und Lorentz. Insofern muss es ihm sehr merkwürdig vorgekommen zu sein, irgendwann nicht mehr das Wunderkind zu sein, das auf den Schultern von Riesen steht, sondern selbst einer der Riesen zu sein.

Hatte er einst auf die Erkenntnisse seiner geistigen Vorväter gesetzt und dieses Wissen vorangetrieben, so standen nun andere auf seinen Schultern. In einigen wenigen Fällen, etwa bei Max Planck, hatten sich die Rollen nahezu gedreht: Nun war es Planck, der Einsteins Erkenntnisse dazu nutzte, seine Theorie der Quantenmechanik zu verfeinern. »Um mich für meine Autoritätsverachtung zu strafen, hat mich das Schicksal selbst zu einer Autorität gemacht«, sagte Einstein einmal.

Im Zuge dieser Verwandlung musste er auch feststellen, dass er in Wissenschaftskreisen nicht mehr als Radikaler galt, sondern als Konservativer. Einstein klammerte sich an Elemente der klassischen Physik, während andere die Früchte seiner Theorien – vor allem im Bereich der Quantenmechanik – nutzten, um diese Physik zu zerlegen. Nach seiner eigenen Einschätzung arbeitete er noch an vorderster Front der Physik, aber ihm war sehr wohl bewusst, was andere über ihn dachten. In bewegenden Worten schrieb er 1949 Max Born: »Ich gelte gemeinhin als eine Art versteinertes Ding, blind und taub geworden durch die Jahre.«

Natürlich war es frustrierend, sich mit dieser veränderten Wahrnehmung auseinandersetzen zu müssen, aber in mancherlei Hinsicht war es auch befreiend. Er war wohlhabend und berühmt genug, dass er seinen Interessen nachgehen konnte. Die Erwartungen der Welt an ihn sanken, was ihm erstens den Druck nahm und ihm zweitens Freiheiten schenkte – und zwar nicht nur in der Sockenfrage. Einem Brief, den er 1954 an Elisabeth von Belgien schickte, kann man entnehmen, dass es ihm wohl einige Freude bereitete, sich mit den amerikanischen Behörden wegen seiner McCarthy-feindlichen Haltung herumzustreiten. Er sei ein Enfant terrible, denn er könne nicht einfach schweigen und ganz brav alles schlucken.

Doch liest man das Schreiben an Born aus dem Jahr 1949 weiter, sieht man am besten, dass sich Einstein doch noch gut an das Altwerden gewöhnt hatte und die damit einhergehenden Herausforderungen annahm:

Ich habe einfach mehr Freude am Geben als am Empfangen in jeder Beziehung und nehme mich nicht wichtig, auch das Treiben des Haufens nicht, schäme mich nicht meiner Schwächen und Laster und nehme von Natur die Dinge mit Humor und Gleichmut hin.

Schließen Sie Frieden mit dem Kosmos

Für uns gläubige Physiker hat die Scheidung zwischen
Vergangenheit, Gegenwart und Zukunft nur die Bedeutung
einer wenn auch hartnäckigen Illusion.

ALBERT EINSTEIN, 1955
nach dem Tod seines Freunds Michele Besso

Als er seinem eigenen Ableben ins Auge blickte, legte Einstein eine erstaunliche Ruhe und innere Stärke an den Tag. Das traditionelle religiöse Konzept vom Leben nach dem Tod half ihm in dieser Situation nicht, aber er hatte viele Jahre damit verbracht, das Wesen von Zeit und Materie zu untersuchen, was ihn hatte philosophisch werden lassen: »Unser Tod ist nicht das Ende, wenn wir in unseren Kindern und der jüngeren Generation fortleben können«, schrieb er schon 1926 der Witwe von Heike Kamerlingh Onnes, einem niederländischen Physiker, der 1913 den Nobelpreis erhalten hatte. »Die Kinder sind wir, unsere Leiber sind nur verwelkte Blätter am Baum des Lebens.«

Im Grunde seines Herzens galt Einsteins Interesse eher dem großen Ganzen als den kleinen Details. Ihn lockte die Feldtheorie, die das gesamte Universum abdeckte, stärker als die auf subatomarer Ebene spielende Quantentheorie. Er war jemand, der groß dachte. Die Frau eines akademischen Kollegen fragte ihn einmal, wie er sich angesichts all der Not in der Welt seine Leichtigkeit bewahrte. Einsteins Antwort: »Wir dürfen nicht vergessen, dass dies ein sehr kleiner Stern ist. Auf einigen der größeren und wichtigeren Sterne mag es sehr rechtschaffen und glücklich zugehen.«

Seine wissenschaftlichen Abenteuer hatten in ihm das Gefühl geweckt, er habe einen Status der Quasi-Unsterblichkeit erreicht. »Menschen wie Sie und ich sind natürlich, wie alle anderen auch, sterblich, aber wir werden, egal wie lang wir leben, nicht alt werden«, schrieb er 1942 seinem Freund, dem Psychologen Otto Juliusburger. »Was ich damit sagen will: Wir werden niemals aufhören, wie neugierige Kinder vor dem großen Mysterium zu stehen, in das wir geboren wurden.« Und Elisabeth von Belgien schrieb er 1953: »Merkwürdig am Altern ist, dass man langsam die enge Verbundenheit zum Hier und Jetzt einbüßt. Man fühlt sich in die Unendlichkeit versetzt, mehr oder weniger allein.«

Seine eigene schlechte Gesundheit und der Tod anderer, ihm nahestehender Menschen erinnerten Einstein über mehrere Jahre hinweg immer wieder an die eigene Sterblichkeit. Elsa war bereits seit 1936 tot, seine erste Frau Mileva starb 1948 nach einem Sturz. Im selben Jahr wurde bei Einstein ein Aneurysma in der Bauchschlagader festgestellt und seine geliebte Schwester Maja erkrankte ernsthaft. Während seiner letzten Lebensjahre regelte Einstein noch einige Dinge. Zum Beispiel versöhnte er sich wieder mit seinem Sohn Hans Albert. Und dass er mit dem Alter weicher geworden war, lässt sich wohl auch daran ablesen, dass Maja und seine Stieftochter Margot während Einsteins letzten Jahren deutlich mehr Zeit mit ihm verbrachten als mit ihren eigenen Ehemännern.

1955 verursachte das Aneurysma einen Zusammenbruch. Seine amerikanische Sekretärin Helen Dukas verfolgte verzweifelt, wie sich sein Gesundheitszustand immer weiter verschlechterte. Einstein dagegen strahlte gelassene Ruhe aus: »Es ist geschmacklos, das Leben künstlich zu verlängern«, sagte er ihr. »Ich habe meinen Teil geleistet, es ist Zeit zu gehen. Ich werde es elegant tun.« Am 17. April verwandte er den letzten Rest seiner Energie noch einmal darauf, an der Feldtheorie zu arbeiten, in den Morgenstunden des 18. April starb Albert Einstein. Sein Leichnam wurde eingeäschert, die Asche im Delaware-Fluss verstreut. Endlich war Einstein eins mit dem Kosmos. Allerdings entnahm Thomas Harvey, der im Krankenhaus von Princeton die Autopsie durchführte, Einsteins Gehirn und balsamierte es.

Fünf Jahre zuvor hatte der *Observer* Einsteins wichtigste Gleichung abgedruckt, eine Formel, die noch viel bedeutsamer ist als $E = mc^2$: »Wenn A für Erfolg steht, gilt die Formel $A = x+y+z$. Arbeit ist x, Muße ist y und z ist Mundhalten.«

Fünf Zitate über Einstein

Durch Albert Einsteins Werk hat sich der Horizont der Menschheit unendlich erweitert, und gleichzeitig hat unser Bild vom Universum eine Geschlossenheit und Harmonie erreicht, von der man bisher nur träumen konnte. – Niels Bohr

Einstein wäre selbst dann einer der größten theoretischen Physiker ... aller Zeiten, wenn er keine einzige Zeile über Relativität geschrieben hätte. – Max Born

Unter den Menschen des 20. Jahrhunderts vereinigt er in außergewöhnlichem Maß die stark komprimierten Mächte des Intellekts, der Intuition und der Fantasie. Nur selten trifft man sie in ein und demselben Geist an, aber wenn es geschieht, spricht man vom Genie. Es war geradezu unvermeidlich, dass dieses Genie im Feld der Wissenschaft auftauchen sollte, denn die Zivilisation des 20. Jahrhunderts ist vor allem und in hohem Maße technologisch. – Whittaker Chambers *im* Time Magazine

Niemand sonst trug dermaßen stark zur gewaltigen Ausweitung des Wissens im 20. Jahrhundert bei. Dennoch war niemand sonst so bescheiden ... [und] sich dessen so bewusst, dass Macht ohne Weisheit tödlich ist ... Albert Einstein steht sinnbildlich für die mächtigen erfinderischen Fähigkeiten des Individuums in einer freiheitlichen Gesellschaft. – US-Präsident Dwight D. Eisenhower

Er ist heiter, sicher und liebenswürdig, versteht von Psychologie so viel wie ich von Physik, und so haben wir uns sehr gut gesprochen. – Sigmund Freud

Zeittafel

1879: Albert Einstein wird am 14. März als Kind jüdischer Eltern in Ulm geboren.

1880: Die Einsteins ziehen nach München. Alberts Vater und Onkel gründen dort ein Unternehmen für Elektrotechnik.

1881: Geburt von Alberts Schwester Maria, genannt Maja.

1892: Einstein beschließt, nicht zur Bar Mitzwa zu gehen.

1894: Die Familie zieht wegen der Arbeit des Vaters nach Italien. Albert bleibt bei Verwandten in München, wo er eigentlich seine Schulausbildung beenden soll, aber noch vor dem Abschluss seinen Eltern folgt.

1895: Der 16-jährige Albert fällt bei der Aufnahmeprüfung für das Polytechnikum in Zürich durch, woraufhin er weiter die Schule in Aarau besucht. Dort wohnt er bei der Familie Winteler und schreibt seine erste (nicht veröffentlichte) wissenschaftliche Arbeit.

1896: Er gibt seine deutsche Staatsbürgerschaft auf und erhält einen Studienplatz am Polytechnikum in Zürich. Dort lernt er Mileva Marić kennen, seine spätere Ehefrau.

1899: Einstein beantragt die Schweizer Staatsbürgerschaft.

1900: Er beendet sein Studium in Zürich mit Fachlehrerdiplom, bewirbt sich aber vergeblich am Polytechnikum um eine Stelle.

1901: Veröffentlichung seiner ersten wissenschaftlichen Arbeit in den *Annalen der Physik*. Einstein wird Schweizer Staatsbürger.

1902: Marićs und Einsteins uneheliche Tochter Lieserl kommt zur Welt. Einstein findet Anstellung am Patentamt in Bern.

1903: Einstein und Marić heiraten. Mit zwei Freunden begründet er in Bern die Akademie Olympia. Alle Aufzeichnungen zu Lieserl enden.

1904: Marić bringt den Sohn Hans Albert zur Welt.

1905: Das *annus mirabilis*: Einstein schließt vier Arbeiten ab, mit denen er die Grundlagen der Physik auf den Kopf stellt. Er formuliert die Gleichung $E = mc^2$.

1906: Die Universität Zürich verleiht Einstein den Doktortitel.

1907: Einstein arbeitet an der allgemeinen Relativitätstheorie und entdeckt dabei das Äquivalenzprinzip.

1908: Er wird unbezahlter Privatdozent an der Universität Bern und hält seine ersten Vorlesungen.

1909: Die Universität Zürich ernennt Einstein zum Dozenten für theoretische Physik.

1910: Der zweite Sohn, Eduard, wird geboren.

1911: Einstein übernimmt eine Professur in Prag und nimmt in Brüssel an der ersten Solvay-Konferenz teil.

1912: Beginn der Affäre mit seiner in Berlin lebenden Cousine Elsa Löwenthal. Er kehrt für eine Professur nach Zürich zurück. Gemeinsam mit Marcel Grossmann arbeitet er an den mathematischen Grundlagen für die allgemeine Relativitätstheorie.

1913: Max Planck und Walther Nernst locken Einstein nach Berlin. Sie versprechen ihm eine Professur an der Universität und eine Mitgliedschaft in der Preußischen Akademie der Wissenschaften. Er tritt die Stelle im folgenden Jahr an.

1914: Einstein und Marić trennen sich, sie zieht mit den beiden Söhnen nach Berlin. Einstein engagiert sich politisch und wirbt zu Beginn des Ersten Weltkriegs für Pazifismus.

1915: Zusammen mit Wander Johannes de Haas erforscht er gyromagnetische Effekte. Im November stellt Einstein seine allgemeine Relativitätstheorie fertig und präsentiert sie in vier Vorlesungen an der Preußischen Akademie der Wissenschaften.

1916: In den *Annalen der Physik* erscheint Einsteins Aufsatz *Die Grundlage der allgemeinen Relativitätstheorie*. Im Laufe des Jahres schließt er auch die Arbeiten an dem Essay *Über die spezielle und die allgemeine Relativitätstheorie* ab.

1917: Einstein wird Direktoriumsvorsitzender des Kaiser-Wilhelm-Instituts für Physik in Berlin (heute: Max-Planck-Institut für Physik). Er skizziert seine Theorie der kosmologischen Konstante – die er im Nachhinein als »größte Eselei« seines Lebens bezeichnen wird.

1918: Er lehnt es ab, zum Lehren in die Schweiz zurückzukehren. Der Erste Weltkrieg endet.

1919: Einstein lässt sich im Februar von Marić scheiden und heiratet im Juni Elsa. Im Mai bestätigt der Astronom Arthur Stanley Eddington durch Untersuchungen während einer Sonnenfinsternis Einsteins Theorie, derzufolge die Sonne das Licht ablenkt. Ein zentraler Baustein der allgemeinen Relativitätstheorie hat sich damit als korrekt erwiesen. Einstein wird weltweit berühmt.

1920: Einstein lernt den berühmten Quantentheoretiker Niels Bohr kennen. In Deutschland steht Einstein im Mittelpunkt einer zunehmend antisemitischen Stimmung.

1921: Mit dem Zionisten Chaim Weizmann, später Israels erster Staatspräsident, bereist Einstein für zwei Monate die USA, um Geld für den Bau der Hebräischen Universität Jerusalem zu sammeln. Es ist sein erster Besuch in den USA.

1922: Die Schwedische Akademie der Wissenschaften verleiht Einstein den Nobelpreis für Physik für das Jahr 1921. Sie begründet dies mit seinen Forschungen in der theoretischen Physik und insbesondere für sein Gesetz des photoelektrischen Effekts.

1924: Einstein arbeitet mit dem indischen Physiker Satyendra Nath Bose zusammen. Sie sagen das Bose-Einstein-Kondensat voraus, einen Aggregatzustand, der erst 1995 im Labor nachgewiesen werden kann.

1925: Die Bose-Einstein-Verteilung wird formuliert, ein wichtiger Baustein der Quantenmechanik. Einstein wird Mitglied im Direktorium der neu eröffneten Hebräischen Universität Jerusalem.

1927: Bei der fünften Solvay-Konferenz in Brüssel diskutiert er mit Niels Bohr über die Quantentheorie.

1928: Einstein ist den Großteil des Jahres krankheitsbedingt ans Haus gefesselt. Helen Dukas wird Einsteins Sekretärin und sich bis zu seinem Tod fürsorglich um ihn kümmern.

1929: Bau seines geliebten Sommerhauses in Caputh bei Potsdam.

1930: Einstein fordert zum weltweiten Abrüsten auf. Er besucht zum zweiten Mal die USA und wohnt am California Institute of Technology (CalTech) in Pasadena.

1931: Im März kehrt Einstein nach Europa zurück, fährt im

Dezember jedoch wieder in die USA. Er kommt zu dem Schluss, dass seine kosmologische Konstante nicht korrekt ist.

1932: Reist im Dezember in die USA – nicht ahnend, dass er nie nach Deutschland zurückkehren wird.

1933: Als Adolf Hitler an die Macht kommt, bricht Einstein seine Verbindungen zu Deutschland ab. Er kehrt kurz nach Europa zurück und besucht Belgien, die Schweiz und Großbritannien, um dann in Princeton, New Jersey eine Stelle am Institute for Advanced Study anzutreten.

1934: Veröffentlichung von *Mein Weltbild*, einer Sammlung nicht-wissenschaftlicher Texte.

1935: Das Einstein-Podolsky-Rosen-Paradoxon wird veröffentlicht. Einstein und Elsa ziehen in die 112 Mercer Street in Princeton.

1936: Nach langer Krankheit stirbt Elsa am 20. Dezember.

1938: Gemeinsam mit Leopold Infeld veröffentlicht Einstein *Die Evolution der Physik*.

1939: Kurz vor Ausbruch des Zweiten Weltkriegs schreibt Einstein einen Brief an den amerikanischen Präsidenten Franklin D. Roosevelt, in dem er vor der Gefahr einer Atombombe warnt.

1940: Einstein wird amerikanischer Staatsbürger, behält aber seine Schweizer Staatsbürgerschaft bei.

1942: Die amerikanische Regierung beginnt mit dem Manhattan-Projekt, dem Bau der Atombombe. Einstein ist nicht direkt beteiligt, weil er als Sicherheitsrisiko gilt.

1943: Einstein forscht für die US-Marine an hochexplosiven Materialien.

1944: Bei einer Auktion wird Einsteins Aufsatz *Zur Elektrodynamik bewegter Körper* aus dem Jahr 1905 für 6 Mio. US-Dollar versteigert.

1945: Nach dem Abwurf der Atombomben auf die japanischen Städte Hiroshima und Nagasaki endet der Zweite Weltkrieg. Einsteins Kommentar: »Der Krieg ist gewonnen – nicht aber der Friede.«

1946: Erneut fordert Einstein eine länderübergreifende Weltregierung. Er übernimmt den Vorstand im *Notstandskomitee der Atomwissenschaftler*, einer Organisation, die sich für eine friedliche Nutzung der Atomenergie stark macht.

1948: Am 4. August stirbt Mileva Marić. Bei Einstein wird eine Erweiterung der Bauchschlagader festgestellt und er muss sich operieren lassen.

1949: Seine drei Jahre zuvor geschriebenen *Autobiografischen Notizen* werden veröffentlicht.

1950: Unter dem Titel *Aus meinen späten Jahren* wird eine Sammlung allgemeiner Aufsätze und Reden veröffentlicht.

1951: Einsteins Schwester Maja stirbt am 25. Juni.

1952: Er lehnt den Vorschlag ab, Nachfolger von Chaim Weizmann als Staatspräsident von Israel zu werden.

1955: Einstein unterschreibt das Russell-Einstein-Manifest, die Grundlage der Pugwash-Konferenzen, die sich mit Fragen der Forschung und der Weltpolitik befassen.

1955: Am 18. April stirbt Albert Einstein im Alter von 76 Jahren im Princeton Hospital.

Auswahlbibliografie

Aczel, Amir, *God's Equation: Einstein, Relativity and the Expanding Universe*, Piatkus Books (2000).

Calaprice, Alice (Hrsg.), *The Ultimate Quotable Einstein*, Princeton University Press (2013).

Einstein, Albert, *Aus meinen späten Jahren*, Deutsche Verlags-Anstalt (1952); auch erschienen im Melzer Verlag (2005).

Einstein, Albert, *Ideas and Opinions*, Souvenir Press (2012).

Einstein, Albert, *Mein Weltbild*, Querido Verlag (1934); auch erschienen bei Ullstein Taschenbuch (2005).

Einstein, Albert, *Über die spezielle und allgemeine Relativitätstheorie*, Vieweg (1917); auch erschienen bei Springer (2001).

Fölsing, Albrecht, *Albert Einstein: Eine Biographie*, Suhrkamp (1993).

Isaacson, Walter, *Einstein: Genie und Popstar*, Bucher Verlag (2010).

Moszkowski, Alexander, *Einstein – Einblicke in seine Gedankenwelt*, Fontane & Co./Hoffmann und Campe (1921).

Pais, Abraham, *Raffiniert ist der Herrgott ... Albert Einstein. Eine wissenschaftliche Biographie*, Vieweg Verlag (1986).

Robinson, Andrew, *Einstein: A Hundred Years of Relativity*, Palazzo Editions (2010).

Viereck, George Sylvester, *Glimpses of the Great*, Macauley (1930).